园林工程规划设计 **必读书系**

园林水景工程设计与施工从入门到精通

YUANLIN SHUIJING GONGCHENG SHEJI YU SHIGONG
CONG RUMEN DAO JINGTONG

宁荣荣　李　娜　主编

化学工业出版社
·北京·

本书介绍了园林水景工程的设计方法与施工工艺。全书主要内容包括水景工程概述，人工湖池设计与施工，溪流设计与施工，水池设计与施工，瀑布、跌水设计与施工，喷泉设计与施工，驳岸及护坡设计与施工，水闸设计与施工，室内水景设计与施工，水生植物景观设计与施工，水景水质与水体净化等。

本书语言通俗易懂，体例清晰，具有很强的实用性和可操作性，既可供园林水景工程设计与施工人员学习使用，也可供高等学校园林工程相关专业师生学习参考。

图书在版编目（CIP）数据

园林水景工程设计与施工从入门到精通/宁荣荣，李娜主编．—北京：化学工业出版社，2016.8（2019.2重印）
（园林工程规划设计必读书系）
ISBN 978-7-122-27427-4

Ⅰ.①园…　Ⅱ.①宁…②李…　Ⅲ.①理水（园林)-景观设计②理水（园林)-景观-工程施工　Ⅳ.①TU986.4

中国版本图书馆 CIP 数据核字（2016）第 143266 号

责任编辑：董　琳　　　　　　　　　　　文字编辑：吴开亮
责任校对：王素芹　　　　　　　　　　　装帧设计：王晓宇

出版发行：化学工业出版社（北京市东城区青年湖南街 13 号　邮政编码 100011）
印　　装：涿州市般润文化传播有限公司
787mm×1092mm　1/16　印张 12　字数 284 千字　2019 年 2 月北京第 1 版第 4 次印刷

购书咨询：010-64518888　　　　　　　售后服务：010-64518899
网　　址：http://www.cip.com.cn
凡购买本书，如有缺损质量问题，本社销售中心负责调换。

定　　价：48.00 元

编写人员

主　　编　宁荣荣　李　娜

副 主 编　陈远吉　陈文娟

编写人员　宁荣荣　李　娜　陈远吉　陈文娟

　　　　　闫丽华　杨　璐　黄　冬　刘芝娟

　　　　　孙雪英　吴燕茹　张晓雯　薛　晴

　　　　　严芳芳　张立菡　张　野　杨金德

　　　　　赵雅雯　朱凤杰　朱静敏　黄晓蕊

前 言
Foreword

园林，作为我们文明的一面镜子，最能反映当前社会的环境需求和精神文化的需求，是反映社会意识形态的空间艺术，也是城市发展的重要基础，更是现代城市进步的重要标志。随着社会的发展，在经济腾飞的当前，人们对生存环境建设的要求越来越高，园林事业的发展呈现出时代的、健康的、与自然和谐共存的趋势。

在园林建设百花争艳的今天，需要一大批懂技术、懂设计的园林专业人才，以充实园林建设队伍的技术和管理水平，更好地满足城市建设以及高质量地完成园林项目的各项任务。因此，我们组织一批长期从事园林工作的专家学者，并走访了大量的园林施工现场以及相关的园林规划设计单位和园林施工单位，编写了这套丛书。

本套丛书文字简练规范，图文并茂，通俗易懂，具有实用性、实践性、先进性及可操作性，体现了园林工程的新知识、新工艺、新技能，在内容编排上具有较强的时效性与针对性。突出了园林工程职业岗位特色，适应园林工程职业岗位要求。

本套丛书依据园林行业对人才知识、能力、素质的要求，注重全面发展，以常规技术为基础，关键技术为重点，先进技术为导向，理论知识以"必需"、"够用"、"管用"为度，坚持职业能力培养为主线，体现与时俱进的原则。具体来讲，本套丛书具有以下几个特点。

（1）突出实用性。注重对基础理论的应用与实践能力的培养，通过精选一些典型的实例，进行较详细的分析，以便读者接受和掌握。

（2）内容实用、针对性强。充分考虑园林工程的特点，针对职业岗位的设置和业务要求编写，在内容上不贪大求全，但求实用。

（3）注重行业的领先性。注重多学科的交叉与整合，使丛书内容充实新颖。

（4）强调可读性。重点、难点突出，语言生动简练，通俗易懂，既利于学习又利于读者兴趣的提高。

本套丛书在编写时参考或引用了部分单位、专家学者的资料，得到了许多业内人士的大力支持，在此表示衷心的感谢。限于编者水平有限和时间紧迫，书中疏漏及不当之处在所难免，敬请广大读者批评指正。

丛书编委会
2016 年 8 月

目　录

Contents

第一章

水景工程概述

第一节　水　　景

一、水景的概念及类型

　　水景是指利用瀑布、跌水、水帘、湍流、急流、缓流、静水、射流、膜流、掺气流、水雾等水的形态形成各种特色的水道、湖、塘、池、泉等景致。水景的类型见表1-1。

表 1-1　水景的类型

序号	分类方法		说　明
1	按水景的形式分类	自然式水景	自然式水景是指利用天然水面略加人工改造，或依地势模仿自然水体"就地凿水"的水景。这类水景有河流、湖泊、池沼、溪泉、瀑布等
		规则式水景	规则式水景是指人工凿成几何形状的水体，如运河、水池、喷泉、壁泉等
2	按水景的使用功能分类	供观赏的水景	供观赏的水景的功能主要是构成园林景色，一般面积较小。如水池，一方面能产生波光倒影，另外又能形成风景的透视线；溪涧、瀑布、喷泉等除观赏水的动态外，还能聆听悦耳的水声
		供开展水上活动的水体	这种水体一般面积较大，水深适当，而且为静止水。其中供游泳的水体，水质一定要清洁，在水底和岸线最好有一层砂土，或人工铺设，岸坡要和缓。当然，这些水体除了满足各种活动的功能要求外，也必须考虑到造型的优美及园林景观的要求
3	按水源的状态分类	静态的水景	水面比较平静，能反映波光倒影，给人以明洁、清宁、开朗或幽深的感觉，如湖、池、潭等
		动态的水景	水流是运动着的，如简溪、跌水、喷泉、瀑布等。它们有的水流湍急，有的涓涓如丝，有的汹涌奔腾，有的变化多端，使人产生欢快清新的感受

二、水的特征及作用

1. 水的作用

　　水是生命的源泉，自从生命在水中形成的第一天起，水在生命体中起的作用就没有发生过改变。水是目前所知地球上和我们体内最丰富的物质，一个成年人体内有 75% 是水。水不仅仅在人体内含量丰富，由于所有代谢反应都发生在水介质中，因此水也是生命中所必需的物质。对于人体而言，它参与生命的运动，排除体内有害毒素，帮助新陈代谢，维持有氧呼吸等。水的作用与功能是独一无二的。

　　水是工农业生产之必需，是人类维持生命之要素。因此，世界上最早的城镇建筑都依水系而发展，商业贸易依水系而繁荣。现在，水仍是决定一个城市发展的重要条件。

水在气象因素的作用下形成千变万化的自然景观，使人身临妙境。水有五光十色的光影，有着特殊的魅力，吸引人的注意，人们在水中的感受很舒服。水在城市中所形成的环境之美体现着一种天然的谐趣，同时在不同文化和社会背景下，形成极其丰富的表现形式，给人带来抚慰，滋润人们的身体和心灵。

无论是小溪、河流、湖泊还是大海，对人都有一种天然的吸引力。从古至今，用水景点缀环境由来已久，水已成为梦想和魅力的源泉。现在，水已成为构成景观的基础因素之一，是中国园林的重要组成部分，是中国园林的灵魂。

2. 水的特性

（1）水的形状　水是无色、无味的液体，水本身无固定的形状，水的形状由容器的形状所造就。丰富的水态取决于容器的大小、形状、色彩和质地。

（2）水的状态　由于水受地球引力的作用，有时相对静止，因此，可以分为静水和动水两类。静水，宁静、安详，能真实、形象地反映周围的景物，给人以轻松、温和的享受。动水，潺潺流水，逗人喜爱；波光晶莹，色彩缤纷，令人欢快；喷射变化的水花令人兴奋、激动；瀑布轰鸣，使人冲动激昂。

（3）水的声响　当水漫过或绕过障碍物时，当水喷射到空中然后落下时，当水从岩石跌落到水潭时，都会产生各种各样的声音，有时欢悦清脆，有时狂暴粗野，有时涓涓细流，有时断续滴落，发出滴滴答答、叮叮咚咚的水声，那动人的声音非常迷人。

（4）水的意境　随着人类社会的不断发展，人们的观念也在不断地进步。同时，人们也在追求更高的艺术境界。一方静水，可以说是再平淡不过了，但它若建在纪念诗仙李白的地方，题名"洗墨池"时，人们站在池边一定会有很多意境的思索。

三、水景表现形式和形态

1. 水景基本表现形式

水景的基本表现形式主要有以下几种。

（1）流水　流水有急缓、深浅之分，也有流量、流速、幅度大小之分，蜿蜒的小溪、淙淙的流水使环境更富有个性与动感。

（2）落水　水源因蓄水和地形条件的影响而形成落差浅潭。水由高处下落则有线落、布落、挂落、条落、多级跌落、层落、片落、云雨雾落、壁落等形式，时而悠然而落，时而奔腾磅礴。

（3）静水　静水平和宁静，清澈见底，主要表现在以下三方面。

① 色：青、白绿、蓝、黄、新绿等，如紫草、红叶、雪景等色彩斑斓。

② 波：风乍起，吹皱一池春水；波纹涟漪，波光粼粼。

③ 影：倒影、反射、逆光、投影、透明度。

（4）压力水景　这种形式的水景主要表现为喷、涌、溢泉、间歇水，动态的美，欢乐的源泉，犹如喷珠玉，千姿百态。

2. 水景表现形态

水景的常见表现形态见表1-2。

表 1-2 水景的常见表现形态

序号	类别	说 明
1	开朗的水景	水域辽阔坦荡,仿佛无边无际。水景空间开朗、宽敞,极目远望,天连着水、水连着天,天光水色,一派空明。这一类水景主要是指江、海、湖泊。公园建在江边,就可以向宽阔的江面借景,从而获得开朗的水景。将海滨地带开辟为公园、风景区或旅游景区,也可以向大海借景,使无边无际的海面成为园林旁的开朗水景
2	闭合的水景	水面面积不大,但也算宽阔。水域周围景物较高,向外的透视线空间仰角大于13°,常在18°左右,空间的闭合度较大。由于空间闭合,排除了周围环境对水域的影响,因此,这类水体常有平静、亲切、柔和的水景表现。一般的庭院水景池、观鱼池、休闲泳池等水体都具有这种闭合的水景效果
3	幽深的水景	带状水体,如河、溪、涧等,当穿行在密林中、山谷中或建筑群中时,其风景的纵深感很强,水景表现出幽远、深邃的特点,环境显得平和、幽静,暗示着空间的流动和延伸
4	动态的水景	园林水体中湍急的流水、奔腾的跌水、狂泻的瀑布和飞涌的喷泉就是动态感很强的水景。动态水景给园林带来了活跃的气氛和勃勃的生机
5	小巧的水景	一些水景形式,如我国古代园林中常见的流杯池、砚池、剑池、滴泉、壁泉、假山泉等,水体面积和水量都比较小。但正由于小,才显得精巧别致、生动活泼,能够小中见大,让人感到亲切有趣

3. 水景平面形式

水景的平面形式主要有以下三种。

（1）规则式水体 这样的水体都是由规则的直线岸边和有轨迹可循的曲线岸边围合成的几何图形水体。根据水体平面设计上的特点,规则式水体可以分为方形系列、斜边形系列、圆形系列和混合形系列等形状。

（2）自然式水体 这样的水体是不规则的和有多种变异的形状。自然式水体主要可分为宽阔形和带状形两种形式。

（3）混合式水体 这种水体是规则式水体与自然式水体相结合的一类水体形式。在园林水景设计中,在以直线、直角为地块形状特征的建筑边线、围墙边线附近,为了与建筑环境相协调,经常将水体的岸线设计成局部的直线段和直角转折形式,水体在这一部分的形状就成了规则式的。

四、水景画法

1. 静水的画法

静水的表现以描绘水面为主,同时还要注意与其相关的景物的巧妙表现。水面表示可采用线条法、等深线法、平涂法和添景物法。前三种为直接的水面表示法,最后一种为间接表示法,如图 1-1 所示。

（1）线条法 用工具或徒手排列的平行线条表示水面的方法称线条法。作图时,既可以将整个水面全部用线条均匀地布满,也可以局部留有空白,或者局部画些线条。线条可采用波纹线、水纹线、直线或曲线。组织良好的曲线还能表现出水面的波动感。

（2）等深线法 在靠近岸线的水面中,依岸线的曲折作两三根曲线,这种类似等高线的闭合曲线称为等深线。通常形状不规则的水面用等深线表示。

（3）平涂法 用水彩或墨水平涂表示水面的方法称平涂法。用水彩平涂时,可将水面渲染成类似等深线的效果。先用淡铅作等深线稿线,等深线之间的间距应比等深线法大些,然

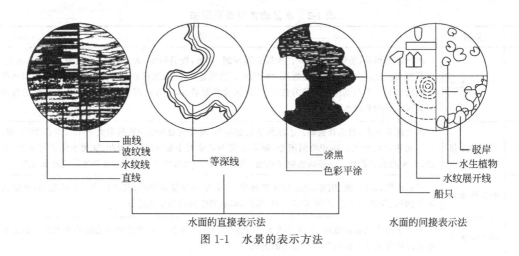

图 1-1　水景的表示方法

后再一层层地渲染，使离岸较远的水面颜色较深。

（4）添景物法　添景物法是利用与水面有关的一些内容表示水面的一种方法。与水面有关的内容包括一些水生植物（如荷花、睡莲）、水上活动工具（湖中的船只、游艇）、码头和驳岸等。

2. 流水的画法

流水在速度或落差不同时产生的视觉效果各有千秋。通常，根据流水的波动来描绘水的性状及质感。和静水相同，描绘流水时也要注意对彼岸景物的表达。只是在流水表达的时候我们根据水波的离析和流向产生的对景物投影的分割和颠簸来描绘水的动感。

水波的流线是表达水的动感的绝佳方式。在描绘流水时，以疏密不同的流线描绘水在流动时产生的动感效果，配合水流的方向表达，形成优美的节奏。

水流的速度是节奏表现的主要制约因素。在水流平缓时，使用的线条是平缓而舒展的，水的流速会显得很慢；在水流很急时，使用较大幅度节奏变化的线条。这样使用疏密不同的线条进行组织形成不同的视觉效果，以表达水流湍急的视觉现象。

3. 落水的画法

落水是园林景观中动水的主要造景形式之一，落水的表现也是水的表现技法中的一项重要的内容。在园林景观中，经常碰到以水造景的方法，水流根据地形自高而低，在悬殊的地形中形成落水。落水的表现主要以表现地形之间的差异为主，形成不同层面的效果。

当然，随着地形的发展，落水的表现不能一概而论。要根据不同的情况，对不同的题材采用适当的方法，完美而整体地表现园林题材，如图 1-2 所示。

4. 喷泉的画法

喷泉是在园林中应用非常广泛的一种园林小品，在表现时要对其景观特征作充分理解之后，根据喷泉的类型，采用不同的方法进行处理。

一般来说，在表现喷泉时应该注意水景交融。对于水压较大的喷射式喷泉要注意描绘水柱的抛物线，强化其轨迹。对于缓流式喷泉，其轮廓结构是描绘的重点，如图 1-3 所示。采用墨线条进行描绘应该注意以下几点。

① 水流线的描绘应该有力而流畅，表达水流在空中划过的形象。

② 水景的描绘应该强调泉水的形象，增强空间立体感觉，使用的线条也应该光滑，但是也要根据泉水的形象使用虚实相间的线条，以表达丰富的轮廓变化。

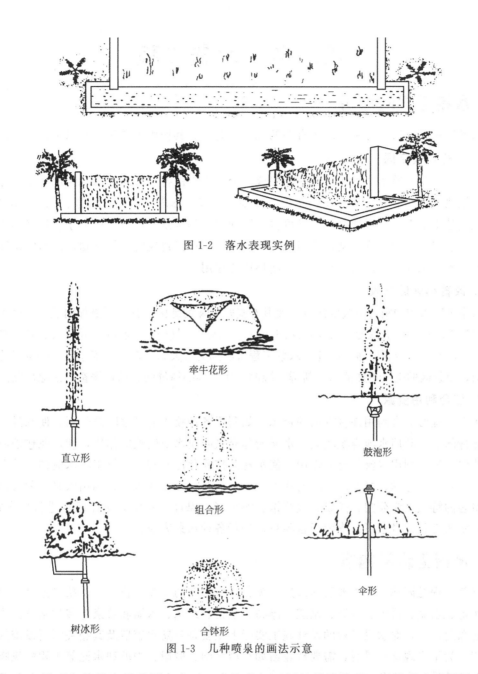

图 1-2 落水表现实例

牵牛花形

直立形

鼓泡形

组合形

树冰形

合钵形

伞形

图 1-3 几种喷泉的画法示意

③ 泉水景观和其他水景共同存在时，应注意相互间的避让关系，以增强表现效果。

④ 水流的表现宜借助于背景效果加以渲染，这样可以增强喷泉的透明感。

五、水景在园林景观设计中的应用

水景是园林景观的重要组成部分。水景可以发挥多方面的造景作用和功能，如加强景深，丰富空间层次，烘托气氛，深化意境，降温吸尘，改善环境，并可以开展水上活动及种养水生动植物等。水受到重力、水压、流速及水流界面变化的作用，产生流动、下降、滑落、飞溅、旋涡、喷射、水雾等运动形式；同时，水还易受光线、风等的影响而具有倒影、波纹等特有的景观现象。

第二节　水景工程

一、水景工程的作用

水景工程是城市园林中与理水有关的工程的总和。其作用主要表现为以下几个方面。

1. 美化环境空间

人造水景是建筑空间和环境的一个组成部分，主要由各种形态的水流组成。水流的基本形态有镜池、溪流、叠流、瀑布、水幕、喷泉、涌泉、冰塔、水膜、水雾、孔流、珠泉等，若将上述基本形态加以合理组合，又可构成不同姿态的水景。水景配以音乐、灯光形成千姿百态的动态声光立体水流造型，不但能装饰、衬托和加强建筑物、构筑物、艺术雕塑和特定环境的艺术效果和气氛，而且有美化生活环境的作用。

2. 改善小区域气候

水景工程可增加附近空气的湿度，尤其在炎热干燥的地区，其作用更加明显。同时可增加附近空气中的负离子的浓度，减少悬浮细菌数量，改善空气的卫生状况，并可大大减少空气中的含尘量，使空气清新洁净。因此，水景工程可起到类似大海、森林、草原和河湖等净化空气的作用，使景区的空气更加清洁、新鲜、湿润，使游客心情舒畅、精神振奋、消除烦躁。

3. 综合利用资源

水景工程可综合利用许多方面的资源，如利用各种喷头的喷水降温作用，使水景工程兼作循环冷却池；利用水池容积较大，水流能起充氧防止水质腐败的作用，使之兼作消防水池或绿化贮水池；利用水流的充氧作用，使水池兼作养鱼池；利用水景工程水流的特殊形态和变化，适合儿童好动、好胜、亲水的特点，使水池兼作儿童戏水池；利用水景工程可以吸引大批游客的特点，为公园、商场、展览馆、游乐场、舞厅、宾馆等招徕顾客进行广告宣传。此外，水景工程本身也可以成为经营项目，进行各种水景表演。

二、水景工程的内容

水景工程是园林工程中涉及面最广、项目组成最多的专项工程之一。狭义上水景包括湖泊、水池、水塘、溪流、水坡、水道、瀑布、水帘、跌水、水墙和喷泉等多种水景。当然就工程的角度而言，对水景工程的设计施工实际上主要是对盛水容器及其相关附属设施的设计与施工。为了实现这些景观，需要修建诸如小型水闸、驳岸、护坡和水池等工程构筑物，配备必要的给排水设施和电力设施等。

园林水景工程的项目组成主要包括以下内容。

1. 园林理水

园林理水原指中国传统园林的水景处理，今泛指各类园林中的水景处理。在中国传统的自然山水园林中，水和山同样重要，以各种不同的水形，配合山石、花木和园林建筑来组景，是中国造园的传统手法，也是园林工程的重要组成部分。水是流动的、不定形的，与山的稳重、固定形成鲜明对比。水中的天光云影和周围景物的倒影，水中的碧波游鱼、荷花睡莲等，使园景生动活泼，所以有"山得水而活，水得山而媚"之说。园林中的水面还可以划船、游泳，或做其他水上活动，并有调节气温、湿度和滋润土壤的功能，又可用来浇灌花木和防火。由于水无定形，它在园林中的形态是由山石、驳岸等来限定的，掇山与理水不可分，所以《园冶》一书把池山、溪涧、曲水、瀑布和埋金鱼缸等都列入"掇山"一章。理水也是排泄雨水，防止土壤流失，稳固山体和驳岸的重要手段。

模拟自然的园林理水，常见类型有以下几种。

（1）泉瀑　泉为地下涌出的水，瀑是断崖跌落的水，园林理水常把水源做成这两种形式。水源或为天然泉水，或园外引水或人工水源（如自来水）。泉源的处理，一般都做成石窦之类的景象，望之深邃幽暗，似有泉涌。瀑布有线状、帘状、分流、跌落等形式，主要在于处理好峭壁、水口和递落叠石。水源现在一般用自来水或用水泵抽吸池水、井水等。苏州园林中有导引屋檐雨水的，雨天才能观瀑。

（2）渊潭　小而深的水体，一般在泉水的积聚处和瀑布的承受处。岸边宜做叠石，光线宜幽暗，水位宜低下，石缝间配植斜出、下垂或攀缘的植物，上用大树封顶，造成深邃气氛。

（3）溪涧　泉瀑之水从山间流出的一种动态水景。溪涧宜多弯曲以增加流程，显示出源远流长，绵延不尽。多用自然石岸，以砾石为底，溪水宜浅，可数游鱼，又可涉水。游览小径须时沿溪行，时踏汀步，两岸树木掩映，表现山水相依的景象，如杭州"九溪十八涧"。有时造成河床石骨暴露，流水激湍有声，如无锡寄畅园的"八音涧"。曲水也是溪涧的一种，今绍兴兰亭的"曲水流觞"就是用自然山石以理涧法做成的。

（4）河流　河流水面如带，水流平缓，园林中常用狭长形的水池来表现，使景色富有变化。河流可长可短，可直可弯，有宽有窄，有收有放。河流多用土岸，配植适当的植物；也可造假山插入水中形成"峡谷"，显出山势峻峭。两旁可设临河的水榭等，局部用整形的条石驳岸和台阶。水上可划船，窄处架桥，从纵向看，能增加风景的幽深和层次感。例如北京颐和园后湖、扬州瘦西湖等。

（5）池塘、湖泊　池塘、湖泊指成片汇聚的水面。池塘形式简单，平面较方整，没有岛屿和桥梁，岸线较平直而少叠石之类的修饰，水中植荷花、睡莲、荇、藻等观赏植物或放养观赏鱼类，再现林野荷塘、鱼池的景色。湖泊为大型开阔的静水面，但园林中的湖一般比自然界的湖泊小得多，基本上只是一个自然式的水池，因其相对空间较大，常作为全园的构图中心。

（6）其他　规整的理水中常见的有喷泉、几何形的水池、跌落的跌水槽等，多配合雕塑、花池，水中栽植睡莲，布置在现代园林的入口、广场和主要建筑物前。

2. 园林驳岸

园林驳岸是起防护作用的工程构筑物，由基础、墙体、盖顶等组成。驳岸是园林水景的重要组成部分，修筑时要求坚固和稳定，同时，要求其造型美观，并同周围景色协调。

园林驳岸按断面形状可分为整形式和自然式两类。对于大型水体和风浪大、水位变化大的水体以及基本上是规则式布局的园林中的水体，常采用整形式驳岸，用石料、砖或混凝土等砌筑整形岸壁。对于小型水体和大水体的小局部，以及自然式布局的园林中水位稳定的水体，常采用自然式山石驳岸，或有植被的缓坡驳岸。自然式山石驳岸可做成岩、矶、崖、岬等形状，采取上伸下收、平挑高悬等形式。

3. 园林护坡

在园林中，自然山地的陡坡、土假山的边坡、园路的边坡和湖池岸边的陡坡，有时为了顺其自然不做驳岸，而是改用斜坡伸向水中做成护坡。护坡主要是防止滑坡，减少水和风浪的冲刷，以保证岸坡的稳定。即通过坚固坡面表土的形式，防止或减轻地表径流对坡面的冲刷,使坡地在坡度较大的情况下也不至于坍塌,从而保护了坡地,维持了园林的地形地貌。

4.园林喷泉

园林中的喷泉一般是为了造景的需要,人工建造的具有装饰性的喷水装置。喷泉可以湿润周围空气,减少尘埃,降低气温。喷泉的细小水珠同空气分子撞击,能产生大量的负氧离子。因此,喷泉有益于改善城市面貌和增进居民身心健康。喷泉有很多种类和形式,可以分为如下两类。

① 普通装饰性喷泉。它是由各种普通的水花图案组成的固定喷水型喷泉。

② 与雕塑结合的喷泉。它是由喷泉的各种喷水花型与雕塑、水盘、观赏柱等共同组成景观。

5.小型水闸

水闸是控制水流出入某段水体的水工构筑物,常设于园林水体的进出水口。小型水闸在风景名胜区和城市园林中应用比较广泛,主要作用是蓄水和泄水。

三、水景工程设计

1.水体类型的选择

有一些类型的水体可以采用各种各样的形式,像池塘可以是规则式的,也可以是不规则式的;而湖泊一般是不规则的,水渠则常是规则的。缓缓的流水给人一种静谧的感觉;而快速流动的小溪、瀑布和急滩,无论是规则或不规则的,都是动态的。这种景观是否成功取决于水体的高度、动感和声音。

2.水景工程设计影响因素

影响水景工程设计的因素见表1-3。

表1-3 影响水景工程设计的因素

序号	项目	内 容
1	地质与土壤	一处自然的低洼地表面上看起来是理想的水景工程建造处,但实际上它的地表水可能会破坏或冲击衬垫并淹没水池。一块狭长的地带可以建造一条小溪,一块斜坡地则适于构建瀑布或一系列跌落的小型水池。柔软的泥泞地易于整平,陡峭的斜坡可能需要挡土墙来维持水体形状
2	风力与风向	水池的位置应尽可能地避开开阔、通风的地方,否则可能会伤害种植池边的植物,也易把泉水飞溅的水花吹出池外;同时在通风处,水分蒸发会大大增加;而在冬季,风口处会比避风处冷得多,这样水池会更易结冰。在将水池定在避风处之前,要先确定这个地方不在霜冻区内,这在易被寒冷气流侵袭的低洼地较为常见
3	光照与阴影	只有将水池选址在夏季能接受全光照的位置,植物才能茁壮生长。评估一个地点的采光度时,需要将周围的树木考虑在内。评估适宜在夏季进行,因为此时植物枝叶最茂盛,而在冬季,只能靠估计那些落叶树的树荫位置来计算此处的采光度。同时,建筑的投影也要列入评估因素中。冬季太阳高度较低,树木、建筑的阴影会拖得比夏季长。注意不能将主景水体定在夏季被严重遮阴的地方
4	植物	水池周围5.5m范围内,不应种植任何树木。因为秋季落叶会影响水池的观赏,树根的蔓延也可能破坏水池的基础,而水池中的水生植物也不能在过度荫蔽下生长。某些树木的落叶中会含有对鱼类有害的化学物质
5	地下水位	地下水位会影响水池地点的选择。如果水位恰在地表以下,就必须安装排水系统来缓解池外地下水施加在水池壁上的压力,如果没有排水系统保护,增大的压力可能导致衬垫破裂或预制池体损坏。如果地下水位低于水池池底的距离在60cm以内,那么就要安装一个排水系统或重新选址。注意易受水淹的沼泽、低洼地也应避开
6	水源和供电	水源供应对水景工程至关重要。水池除了在建成和清洁后需要灌水之外,在夏季因为水分大量蒸发也要经常补水。因此,需要在水池边安装一个水龙头,或者确保能方便地从室内的水龙头接水。集雨器也很适用,但必须有配套的虹吸装置把水输入池中。同时还要注意附近必须有电源保证水泵、过滤器、加热器及灯的正常使用
7	排水沟、水管和电缆	水景选址不应紧邻排水沟、水管、电缆,它们都极易受损,甚至导致事故的发生。因此,应考虑到今后扩建的长远计划,它会影响到对水景地点的第一选择

3. 水景工程设计要素

(1) 水的尺度和比例 水面的大小与周围环境景观的比例关系是水景设计中需要慎重考虑的内容，除自然形成的或已具有规模的水面外，一般应加以控制。过大的水面散漫、不紧凑，难以组织，而且浪费用地；过小的水面局促，难以形成与周围环境相映衬的景观。

(2) 水的平面限定和视线 用水面限定空间、划分空间有一种自然形成的感觉，使人们的行为和视线不知不觉地在一种较亲切的气氛中受到了牵引，这无疑比过多地、简单地使用墙体、绿篱等手段生硬地分隔空间、阻挡穿行要略胜一筹。由于水面只是平面上的限定，故能保证视觉上的连续性和通透性。另外，也常利用水面的行为限制和视觉渗透来控制视距，获得相对完善的构图；或利用水面产生的强迫视距达到突出或渲染景物的艺术效果。利用强迫视距获得小中见大的手法，在空间范围有限的江南私家宅园中是屡见不鲜的。

4. 水景工程设计作用

园林水景工程设计的作用可分为以下几点。

(1) 园林水景工程设计是上级主管部门批准园林工程建设的依据 我国目前建设正处在城镇化加快发展过程中，各类园林工程较多，而较大的园林工程施工，必须经上级主管部门的批准。上级批准必须依据园林工程设计资料，组织相关专家进行分析研究，只有科学的、艺术的、合理的并符合各项技术和功能要求的设计方能获得批准。

(2) 园林水景工程设计是园林设计企业生存及园林施工企业施工的依据 园林设计院、设计所是专门从事园林工程设计的企业，而这些企业就是通过进行园林工程设计而获取设计费，从而求得生存和发展。园林施工企业则是依据设计资料进行施工，如果没有园林工程设计资料，施工企业则无从着手。

(3) 园林水景工程设计是建设单位投入建设费用及施工方进行招投标预算的依据 园林工程本身的复杂性和艺术性、多变性，导致在同样一个地段建造园林，由于设计的方案不同，其园林工程造价有较大的差异。

(4) 园林水景工程设计是工程建设资金筹措、投入、合理使用及工程决算的依据 现阶段大型的园林工程多由国家或地方政府投资，而资金的筹措、来源、投入必须要有计划、有目的。同时，在园林工程的实施过程中，资金能否合理使用也是保证工程质量、节约资金的关键。当工程完工后，还要进行决算，所有这些都必须以工程设计技术资料为依据。

(5) 园林水景工程设计是建设单位及质量管理部门对工程进行检查验收和施工管理的依据 园林工程比一般的建设工程要复杂得多，特别在绿地喷灌、园林供电等方面有许多地下隐蔽工程，在园林水景工程方面要充分表现艺术性。一旦隐蔽工程质量不合格或植物造景不能体现设计的艺术效果，就会造成很大的损失。建设单位和监理技术人员必须进行全程监督管理，而管理的依据就是工程设计文件。

5. 水景工程设计原则

要创造一个风景优美、功能突出、特色显著的园林作品，保证工程建设的顺利实施，园林水景工程设计必须坚持以下原则。

(1) 科学性原则 园林水景工程设计的过程，必须依据有关工程项目的科学原理和技术要求进行。如在园林地形改造设计中，设计者必须掌握设计区的土壤、地形、地貌及气候条件的详细资料，只有这样才会最大限度地避免设计缺陷。再如，进行植物造景工程设计，设计者必须掌握设计区的气候特点，同时详细掌握各种园林植物的生物、生态学特性，根据植物对水、光、温度、土壤等的不同要求进行合理选配。如果违反植物生长规律的要求，就会导致失败。

（2）适用性原则　园林水景最终的目的就是要发挥其有效功能，所谓适用性是指两个方面：一是因地制宜地进行科学设计；二是使园林工程本身的使用功能充分发挥，即要以人为本。既要美观、实用，还必须符合实际，且有可实施性。

（3）艺术性原则　在科学性和适用性原则的基础上，园林工程设计应尽可能做到美观，也就是满足园林总体布局和园林造景在艺术方面的要求。只有符合人们的审美要求，才能起到美化环境的功能。

（4）经济性原则　经济条件是园林水景工程建设的重要依据。同样一处设计区，设计方案不同，所用建筑材料及植物材料不同，其投资差异就会很大。设计者应根据建设单位的经济条件，达到设计方案最佳并尽可能节省开支。事实上现已建成的园林水景工程，并不是投资越多越好。

6. 水景工程设计要求

园林水景工程设计虽然复杂，但只要按照以下要求去做就会收到事半功倍的效果。

① 设计者必须熟练掌握园林工程设计的基本知识。

② 设计者必须以科学的观点、科学的方法、认真的态度去对待设计。

③ 园林工程设计应该充分发挥集团作战的方式，各取所长。

④ 水景工程设计必须具有可实施性。

7. 水景工程设计方法

水景工程设计常用方法有以下几种。

（1）亲和　通过贴近水面的汀步、平曲桥，映入水中的亭、廊建筑，以及又低又平的水岸造景处理，把游人与水景的距离尽可能地缩短，水景与游人之间就体现一种十分亲和的关系，使游人感到亲切、合意、有情调和风景宜人，如图 1-4 所示。

图 1-4　水中汀步

（2）延伸　园林建筑一半在岸上，另一半延伸到水中；或岸边的树林采取树干向水面倾斜、树枝向水面垂直或向水面伸展的姿态，都能显现临水之意。前者是向水的表面延伸，而后者却是向水的空间延伸。如图1-5、图1-6所示。

图1-5　坐落于水上的茶庄

图1-6　上海西塘古镇

（3）萦回　由蜿蜒曲折的溪流，在树林、水草地、岛屿、湖滨之间盘绕，突出了风景流动感。这种效果反映了水景的萦回特点，如图1-7所示。

图1-7　蜿蜒曲折的溪流

（4）隐约　使配植着疏林的堤、岛和岸边景物相互组合与相互分隔，将水景时而遮掩、时而显露、时而透出，就可以获得隐隐约约、朦朦胧胧的水景效果，如图1-8所示。

（5）暗示　池岸岸口向水面悬挑、延伸，让人感到水面似乎延伸到了岸口下面，这是水景的暗示作用。将庭院水体引入建筑物室内，水声、光影的渲染使人仿佛置身于水底世界，这也是水景的暗示效果，如图1-9所示。

（6）迷离　在水面空间处理中，利用水中的堤、岛、植物、建筑，与各种形态的水面相

图 1-8 组合水景

图 1-9 室内水景

互包含与穿插，形成湖中有岛、岛中有湖、景观层次丰富的复合性水面空间。在这种空间中，水景、树景、堤景、岛景、建筑景等层层展开，不可穷尽。游人置身其中，顿觉境界相异、扑朔迷离。

（7）藏幽 水体在建筑群、林地或其他环境中，都可以把源头和出水口隐藏起来。隐去源头的水面，反而可给人留下源远流长的感觉；把出水口藏起的水面，水的去向如何，也更能让人遐想。

（8）渗透 水景空间和建筑空间相互渗透，水池、溪流在建筑群中流连、穿插，给建筑群带来自然鲜活的气息。有了渗透，水景空间的形态更加富于变化，建筑空间的形态则更加轩敞，更加灵秀，如图 1-10 所示。

图 1-10　水景空间渗透

（9）收聚　大水面宜分，小水面宜聚。面积较小的几块水面相互聚拢，可以增强水景表现。特别是在坡地造园，由于地势所限，不能开辟很宽大的水面，可以随着地势升降，安排几个水面高度不一样的较小水体，相互聚在一起，同样可以达到大水面的效果。

（10）沟通　分散布置的若干水体，通过渠道、溪流顺序地串联起来，构成完整的水系，这就是沟通。

（11）水幕　建筑被设置于水面之下，水流从屋顶均匀跌落，在窗前形成水幕。再配合音乐播放，则既有跌落的水幕，又有流动的音乐，使水景别具一格，如图 1-11 所示。

图 1-11　北京石景山游乐园水景

（12）开阔　水面广阔坦荡，天光水色，烟波浩渺，有空间无限之感。这种水景效果的形成，常见的是利用天然湖泊点缀人工景点。使水景完全融入环境之中，而水边景物如山、树、建筑等，看起来都比较遥远。

（13）象征　以水面为陪衬景，对水面景物给予特殊的造型处理，利用景物象形、表意、传神的作用，来象征某一方面的主题意义，使水景的内涵更深刻，更有想象和回味的空间。

（14）隔流　对水景空间进行视线上的分隔，使水流隔而不断，似断却连。

（15）引出　庭院水池设计中，不管有无实际需要，都将池边留出一个水口，并通过一条小溪引水出园，到园外再截断。对水体的这种处理，其特点还是要尽量扩大水体的空间感，向人暗示园内水池就是源泉，其流水可以通到园外很远的地方。所谓"山要有限，水要有源"的古代画理，在今天的园林水景设计中也有应用。

（16）引入　水的引入和水的引出方法相同，但效果相反。水的引入，暗示的是水池的源头在园外，而且源远流长。

8. 水景工程设计景观效果

水景的景观效果如图 1-12、图 1-13 所示。

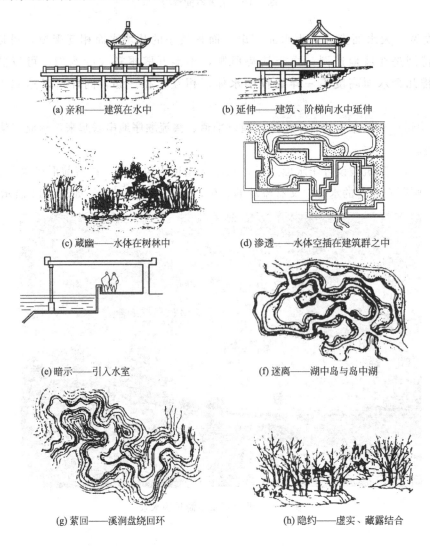

(a) 亲和——建筑在水中　　　(b) 延伸——建筑、阶梯向水中延伸

(c) 藏幽——水体在树林中　　　(d) 渗透——水体穿插在建筑群之中

(e) 暗示——引入水室　　　(f) 迷离——湖中岛与岛中湖

(g) 萦回——溪涧盘绕回环　　　(h) 隐约——虚实、藏露结合

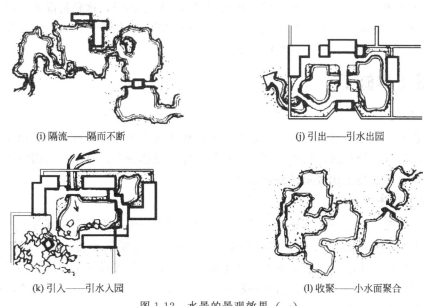

(i) 隔流——隔而不断　　　　(j) 引出——引水出园

(k) 引入——引水入园　　　　(l) 收聚——小水面聚合

图 1-12　水景的景观效果（一）

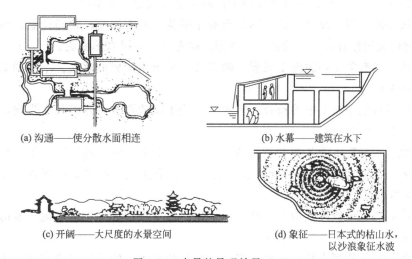

(a) 沟通——使分散水面相连　　　　(b) 水幕——建筑在水下

(c) 开阔——大尺度的水景空间　　　　(d) 象征——日本式的枯山水，
　　　　　　　　　　　　　　　　　　　　　　以沙浪象征水波

图 1-13　水景的景观效果（二）

9. 水景工程设计注意事项

在进行水景工程设计时，应注意下列事项。

（1）安全性　由于水有巨大的魅力，特别是对于儿童的吸引力更大，因此，进行水景设计时必须要考虑安全因素，这比水体的美观更重要。

（2）水循环　在干旱缺水地区采用水景要特别注意：系统中的水要设计为持续循环利用水，因为许多地方性法规要求观赏喷泉要利用循环水；一般应选择非饮用水。

（3）水蒸发　蒸发是水景失掉水分的重要因素，特别是在炎热干旱的气候条件下。通风口、浅水池、喷雾及水体的运动蒸发失水是最大的。为了控制水蒸发，有些地方性法规限制使用喷头设备或限制某一场地水体的总表面积。

（4）水体透视　在设计大水面时，空间与运动的原则同样重要。平面设计图如果透视看的话，要比设计图纸上看起来收缩，当设计落实到真正的水体时，这种情况就更明显了，这是因为水体的表面常常低于周围的环境，所以一定距离看，只能看到小部分的水体。并且即使在水体提高到视平线时，情况也同样如此。

四、水景工程施工

1. 建筑方式

园林水景的建筑方式有很多种，比如使用预制模体或者塑料衬垫等，但是由于市场上提供的预制模体造型比较有限，相比较而言，建筑者更愿意选择塑料衬垫，从而创造出理想的造型。另外，水泥混凝土在造园过程中也经常使用。

2. 水景工程施工程序

水景工程的施工程序一般可分为施工前准备阶段和现场施工阶段两大部分。

（1）施工前准备阶段　在施工准备期内，施工人员的主要任务是：领会图纸设计的意图，掌握工程特点，了解工程质量要求，熟悉施工现场，合理安排施工力量，为顺利完成现场各项施工任务做好准备工作。其内容一般可分为技术准备、生产准备、施工现场准备、后勤保障准备和文明施工准备五个方面。

（2）现场施工阶段　水景工程现场施工阶段应重点注意下列事项。

① 严格按照施工组织设计和施工图进行施工安排，若有变化，须经计划、设计双方和有关部门共同研究讨论并以正式的施工文件形式决定后，方可实施变更。

② 严格执行各有关工种的施工规程，确保各工种技术措施的落实。不得随意改变，更不能混淆工种施工。

③ 严格执行各工序施工中的检查、验收、交接手续的要求，并将其作为现场施工的原始资料妥善保管，明确责任。

④ 严格执行现场施工中各类变更的请示、批准、验收、签字的规定，不得私自变更和未经甲方检查、验收、签字而进入下一道工序，并将有关文字材料妥善保管，作为竣工结算、决算的原始依据。

⑤ 严格执行施工的阶段性检查、验收的规定，尽早发现施工中的问题，及时纠正，以免造成大的损失。

⑥ 严格执行施工管理人员对进度、安全、质量的要求，确保各项措施在施工过程中得以贯彻落实，以防各类事故发生。

⑦ 严格服从工程项目部的统一指挥、调配，确保工程计划的全面完成。

3. 施工准备工作

（1）技术准备　技术准备是水景工程施工准备工作的核心，主要包括以下内容。

① 熟悉并审查施工图纸和有关资料。在施工前应熟悉设计图纸的详细内容，掌握设计意图，确认现场状况，以便编制施工组织设计，为工程施工提供各项依据。在研究图纸时，需要特别注意的是特殊施工说明书的内容、施工方法、工期以及所确认的施工界线等。

② 原始资料的调查分析。做好施工准备工作，既要掌握有关拟建工程的书面资料，还应该对拟建工程进行实地勘测和调查，获得第一手资料，这对拟订一个合理、切合实际的施工组织设计是非常必要的。

③ 编制施工图预算和施工预算。工程预算是水景工程建设计划的一部分。因此，在准

备建造一个水景之前,应详细地把预算考虑在计划之内。施工图预算应由施工单位按照施工图纸所确定的工程量、施工组织设计拟订的施工方法、建设工程预算定额和有关费用定额编制。施工预算是施工单位内部编制的一种预算。它是在施工图预算的控制下,结合施工组织设计中的平面布置、施工方法、技术组织措施以及现场施工条件等因素编制而成的。

④ 编制施工组织设计。拟建工程应根据其规模、特点和建设单位的要求,编制指导该工程施工全过程的施工组织设计。

(2) 施工工具、设备的选择 水景的建造方式有多种选择,需要何种类型的水景往往决定了所使用的施工工具和设备。水景工程施工常用工具和设备见表1-4。

表 1-4 水景工程施工常用工具和设备

序号	名称	用 途
1	橡胶球	在寒冷的天气下,可用于承受水面结冰而带来的压力,保护水池
2	轮胎修理工具	轮胎修理工具可以用来修补橡胶衬垫的裂缝
3	除草机	尽管不是必需的,但当处理一大片草地时,它就显得非常有用了
4	水桶	用塑料或者金属的水桶往外取水,也可以用来暂时存放鱼类
5	过滤器	过滤器是结合水泵使用的,可以用来过滤水中的杂物,也可以用来抑制细菌生存
6	叉子	叉子用来清除大丛的植物残枝、草堆,但是在使用衬垫的水井周围操作时要注意不要让叉子刺破衬垫
7	手套	结实的手套或者防水橡胶手套是进行抹水泥之类的徒手劳动所必需的
8	锤子	在给水景放线的时候,锤子是必备的,比如砸木桩时用
9	花铲	使用花铲来种植水生植物
10	软水管	软水管是重要的水景输水工具。一根软水管既可以用来做虹吸管,也可以用来标记不规则水景的外轮廓
11	刀子	锋利的刀子可以用来修整衬垫,也可以用来切割、修剪植物
12	网	可以用来捕鱼,也可以用来清除吃剩的鱼食、水藻、落叶和其他残骸物
13	种植筐	种植筐是水生植物生长的人造筐,周围有栅格阻挡,可以避免气体和营养物质的流失
14	水景取暖设备	在寒冷的天气条件下,水景取暖设备可以用来防止水面结冰。水景有上冻的季节或是养鱼的水池,在条件许可时可以安装水池取暖设备
15	水泵	水泵对于水循环来说,是十分重要的设备。因此,如果要安装瀑布或喷泉,水泵是必不可少的。水泵可以给水景注水、驱动过滤器,或者为一个水体景观提供水源
16	铁耙	在挖掘水景时用铁耙来整平表面
17	锯	木工活所必需的
18	硬毛刷子	家庭常用的硬毛刷子可以用来清洗水池
19	枝剪	使用一把锋利的枝剪来修剪植物
20	三角板	用三角板准确测量角的度数
21	铲子	铲子用来混合水泥,移除泥土,铲子一定要结实,最好是铁制的,杆的长度要以人的高度为标准
22	铁锹	一把锋利结实的铁锹在挖掘工作中必不可少
23	水准仪	水准仪是检测建造工程准确性的关键工具,经常和横跨在两个点上或者一个水平面上的直木板一同使用

续表

序号	名称	用途
24	卷尺	一卷金属带尺用来划定水景外形,测量水池深度
25	泥灰刀	泥灰匠专用的泥灰刀用以抹平混凝土表面,铺垫泥灰基础以及在砖块上抹泥灰,修饰砖缝
26	防水胶靴	在进入水池时,应当穿防水胶靴
27	喷壶	带有长颈的喷壶用来保持混凝土的湿润,直至凝固
28	独轮手推车	独轮手推车用来运输那些挖出来的泥土和建筑用的水泥
29	灯光照明设备	灯光可用于照亮岸上的植物或其他物体,也可用于水景中。灯光可以成为园林水景和谐的组成部分,为水景园增光添彩。经过特别加工制作的现代园林用灯几乎可安装在水池中或水池周围的任何地方,其中水下安装使用的灯光设备所营造的灯光效果最好。溪流之下的灯光,将水流的韵律完全表现在夜晚的氛围中。除了照明灯具以外,灯光喷泉在水景工程中也经常使用

(3) 劳动组织准备　劳动组织准备主要包括以下内容。

① 有能进行现场施工指导的专业技术人员。

② 施工项目管理人员应是有实际工作经验的专业人员。

③ 各工种应有熟练的技术工人,并应在进场前进行有关的入场教育。

(4) 施工现场准备　水景工程施工现场准备主要包括以下内容。

① 施工现场的控制网测量。根据给定的永久性坐标和高程,按照总平面图要求,进行施工场地的控制网测量,设置场区永久性控制测量标桩。

② 做好"四通一清"。确保施工现场水通、电通、道路畅通、通信畅通和场地清理。水景建设中的场地平整要因地制宜,合理利用竖向条件,既便于施工,又能保留良好的地形景观。

③ 做好施工现场的补充勘探。对施工现场做补充勘探是为了进一步寻找隐蔽物。特别要清楚地下管线的布局,以便及时拟订处理隐蔽物的方案和措施,为基础工程施工创造条件。

④ 建造临时设施。按照施工总平面图的布置建造临时设施,为正式开工准备好用于生产、办公、生活、居住和储存等的临时用房。

⑤ 安装调试施工机具。根据施工机具的需求计划,按施工平面图要求,组织施工机械、设备和工具进场,按规定地点和方式存放,并应进行相应的保养和试运转等工作。

⑥ 组织施工材料进场。各项材料按需求计划组织进场,按规定地点和方式存放。

⑦ 其他。如做好冬季、雨季施工安排,树木的保护和保存等。

4. 临时水景施工

在重要的节日、会展等场合,有时会临时布置一些水景。临时水景的形式常采用中、小型喷泉,水池和管路均为临时布设,材料的选择一般没有特殊要求,可根据条件选用一些废余料或代用品,但要保证工作可靠、安全。

(1) 定位放线　用皮尺、测绳等在现场测出水池位置和形状,用灰粉或粉笔标明。

(2) 池壁施工　根据水池造型、场地条件和使用情况,池壁材料可使用土、石、砖等,或堆或叠或砌。

(3) 防水层施工　根据使用情况及防水要求,防水层可做成单层或双层。单层直接铺贴于水池表面。双层时先铺底层,其上铺5～10cm厚黄土作为垫层,再铺表层。防水层由池内绕过池壁至池外后用土或砖压牢。注意防水层与池底和池壁需密贴，不得架空。防水层尺寸不足时可用 502 胶接长。

（4）管线装配　管线常用国标镀锌钢管及管件。钢管套螺纹要保证质量。一般是先在池外进行部分安装：部分水平管，尽可能多的三通、四通、弯头、堵头等可事先进行局部连接，以减少池内的安装量。竖管和调节阀门也宜事先接好。

（5）管线组装与就位　局部安装完成后可移入池内进行最后组装。组装时动作要谨慎，避免损伤防水层。调整水泵位置和高度，并与组装好的管道连接。

（6）充水　对于带有泵坑的水池，可分两次进行：先少量充水，然后试喷。较低的水位方便工作人员安装喷头和进行调试操作。但水量最少要保证水泵工作时处于被淹没状态，最后充水至设计水位。

（7）冲洗和喷头安装　充水后首先启动水泵 1～3min，把管路中的泥沙和杂物冲洗干净，然后安装喷头。

（8）试喷与调试　试喷启动后主要观察各喷头的工作情况。若发现喷洒水形、喷射角度和方向、水压、射程等有问题，应停机进行修正和调节。

（9）装饰　为了掩饰防水层，通常需要在池壁顶部和外侧用盆花、置石等进行装点。

（10）成品保护　铺贴防水层应小心谨慎防止破损，管道系统的最后组装、就位和调试要注意保护防水层。

此外，还要重点做好临时水景供电线路的保护工作，防止漏电、触电事故发生。

第二章

人工湖池设计与施工

第一节　人工湖设计

　　人工湖是人工依地势就低挖凿而成的水域，沿境设景，自成天然图画，营造碧波万顷、烟雾缥缈等壮丽景观最主要的手段之一。湖的特点是水面宽阔平静，有好的湖岸线及周边的天际线。

一、人工湖的确定与要求

1. 人工湖平面的确定

　　根据造园者的意图确定湖面图上的位置，是人工湖设计的首要问题。我国许多著名的园林均以水体为中心，四周环以假山和亭台楼阁，环境幽雅，园林风格突出，充分发挥了人工湖在工程建设中的作用，如北京玉渊潭（如图 2-1 所示）、河北燕郊东方夏威夷小区（如图 2-2 所示）。人工湖的方位、大小、形状均与园林工程建设的目的、性质密切相关。在以水景为主的园林中，人工湖的位置居于全园的重心，面积相对较大，湖岸线变化丰富，并应占据园中的某半部，如北京圆明园，西安兴庆公园、莲湖公园等。

图 2-1　北京玉渊潭

图 2-2　河北燕郊东方夏威夷小区

2. 人工湖水面性质的确定

　　人工湖水面的性质依湖面在整个园林的性质、作用、地位而有所不同。以湖面为主景的园林，往往使大的水面居于园的中心，沿岸环以假山和亭台楼阁；或在湖中建小岛，以园桥连之，空间开阔，层次深远，如苏州拙政园。而以地形山体或假山建筑为主景，以湖为配景的园林，往往使水面小而多，即假山或建筑把整个湖面分成许多小块，绿水环绕着假山或建筑，其倒影在水中，更显其秀丽和妩媚，环境更加清幽，如图 2-3 所示。

图 2-3　北京海淀公园人工湖

3. 人工湖的平面构图

确定了湖水面的性质后，根据水面的性质构图。人工湖的构图主要是进行湖岸线的平面设计。我国的人工湖岸线型设计以自然曲线为主，如图 2-4 所示为湖岸线平面设计的几种基本形式。

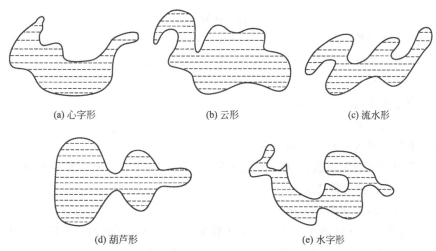

(a) 心字形　　　　　　(b) 云形　　　　　　(c) 流水形

(d) 葫芦形　　　　　　(e) 水字形

图 2-4　湖岸线平面设计形式

在人工湖平面设计过程中，应特别注意以下几点。

① 应注意水面的收、放、广、狭、曲、直等变化，达到自然并不留人工造作痕迹的效果。

② 水面形状宜大致与所在地块的形状保持一致，仅在具体的岸线处给予曲折变化。设计成的水面要尽量减少对称、整齐的因素。

③ 现代园林中较大的人工湖设计最好能考虑到水上运动和赏景的要求。

④ 湖面设计必须和岸上景观相结合。

二、人工湖选址的要求

人工湖基址对土壤的要求如下。

① 多选用黏土、沙质黏土、壤土，其中土质细密、土层深厚或渗透力小于 0.006～0.009m/s 的黏土夹层是最适合挖湖的土壤类型。

② 以砾石为主，黏土夹层结构密实的地段，也适宜挖湖。

③ 砂土、卵石等容易漏水，应尽量避免在其上挖湖。如漏水不严重，要探明下面透水层的位置深浅，采用相应的截水墙或用人工铺垫隔水层等工程措施。

④ 当基土为淤泥或草煤层等松软层时，必须全部挖除。

⑤ 湖岸立基的土壤必须坚实。黏土虽透水性小，但在湖水到达低水位时，容易开裂，湿时又会形成松软的土层、泥浆，故单纯的黏土不能作为湖的驳岸。

三、人工湖水量损失的测定和估算

（1）用蒸发量与降雨量平衡法计算蒸发水量损失。蒸发水量损失主要取决于当地的气象条件，即当地的年蒸发量与年降雨量。湖水面蒸发水量损失实际等于年蒸发量与年降雨量之间的差值。蒸发量大于降雨量的地区，必须计算由蒸发造成的水量损失；反之则不必计算。蒸发水量损失计算公式如下：

$$e = \frac{E - R}{365}$$

$$q_e = aAe$$

式中　e——平均年平均日蒸发量与降雨量的差值，如 e 的计算结果为正值，需计算蒸发量损失；如 e 为负值，则不必计算蒸发水量损失；

　　　E——当地年蒸发量，mm；

　　　R——当地年降雨量，mm；

　　　365——每年的天数，d；

　　　q_e——平均年最大日蒸发水量损失，m^3/d；

　　　a——蒸发量不均匀系数，全国各地夏季 3 个月（6～8 月）的蒸发量占全年的 40%～46%，a 值可取 1.4～1.46；

　　　A——循环水池水面面积，m^2。

（2）用水面蒸发量法计算蒸发水量。对于较大的人工湖，湖面的蒸发量是非常大的，为了合理设计人工湖的补水量，测定湖面水分蒸发量是很有必要的。

目前，我国主要采用 E-601 型蒸发器测定水面的蒸发量，但其测得的数值比水体实际的蒸发量大，因此，须采用折减系数，年平均蒸发折减系数一般取 0075～0.85，也可用下面公式估算。

$$E = 0.22(1 + 0.17W_{200}^{1.5})(e_0 - e_{200})$$

式中　E——水面蒸发量，mm；

　　　e_0——水面上空 200cm 处的风速，m/s；

　　　e_{200}——对应水面温度的空气饱和水气压，mbar（1bar＝10^5Pa）；

W_{200}——水面上空 200cm 处空气水气压，mbar（1bar＝10^5Pa）。

水面蒸发水量损失计算公式如下：

$$q_e = \frac{E}{1000}A$$

式中　q_e——蒸发量损失，m^3/d；

　　　A——水池面积，m^2；

　　　E——水面蒸发量，mm。

四、人工湖渗漏损失估算

水景设计时，只有了解整个湖底、岸边的地质和水文情况后，才能对整个湖渗漏的总水量进行估算。根据地质情况及驳岸防漏情况，渗漏损失可参考表2-1。

表 2-1　渗漏损失

情况等级	全年水量损失（占水体体积的百分比）
良好	5%～10%
中等	10%～20%
较差	20%～40%

五、人工湖底及防漏层施工

1. 湖底基层施工

一般土层经碾压平整即可。沙砾或卵石基层经碾压平整后，面上须再铺15cm厚的细土层。如遇有城市生活垃圾等废物应全部清除，用土回填压实。

2. 湖底防水层的施工

现在的人工湖大部分都有渗漏问题，景观水体的流失造成后期的绿化不美观，水质处理无法改善，影响周围其他的建筑物，因此要进行防水层设计。

用于湖底防水层的材料很多，主要有聚乙烯防水毯、聚氯乙烯防水毯（PVC）、三元乙丙橡胶（EPDA）、膨润土防水毯、赛柏掺和剂、土壤固化剂等，见表2-2。

表 2-2　常见人工湖的做法

序号	防水材料	主要特性	做　法
1	聚乙烯防水毯	聚乙烯防水毯是由乙烯聚合而成的高分子化合物。具热塑性，耐化学腐蚀，成品呈现乳白色，含碳的聚乙烯能抵抗紫外线，一般防水用厚 0.3mm 的防水毯	300厚沙砾石 200厚粉砂 聚乙烯膜、编织布上下各一层 300厚3:7灰土 素土夯实

序号	防水材料	主要特性	做　法
2	聚氯乙烯防水毯(PVC)	聚氯乙烯防水毯是以聚氯乙烯为主合成的高聚合物,其抗拉强度>5MPa,断裂伸长率>150%,耐老化性能好,使用寿命长,原料丰富,价格便宜	300厚沙砾石 200厚粉砂 聚氯乙烯膜、编织布上下各一层 300厚3:7灰土 素土夯实
3	三元乙丙橡胶(EPDA)	三元乙丙橡胶是由乙烯、丙烯和任何一种非共轭二烯烃共聚合成的高分子共聚合物,加上丁基橡胶混炼而成的防水卷材,耐老化,使用寿命可长达50多年,拉伸强度高,断裂伸长率为450%。因此抗裂性能极佳,耐高低温性能好,能在-45~160℃环境下长期使用	800厚卵石(粒径30~50) 200厚1:3水泥砂 三元乙丙防水卷 300厚3:7灰土(400~500厚) 素土夯实
4	膨润土防水毯	膨润土防水毯是一种以蒙脱石为主的黏土矿物,遇水后膨胀形成不透水的凝胶体,渗透系数为 $1.1×10^{-11}$ m/s,土工合成材料,膨润土垫(GCL)经常采用有压安装,遇水后产生反向压力,具自愈修补裂隙的功能,可直接铺于夯实的土层上,安装容易,防水性永久	300厚覆土或150厚素混凝土 防水毯 素土夯实
5	赛柏掺和剂	赛柏掺和剂是水泥基渗透结晶防水掺和剂,为灰色结晶粉末,遇水后形成不溶于水的网状结晶,与混凝土融为一体,阻断混凝土中的微孔,达到防水目的	
6	土壤固化剂	土壤固化剂是由多种无机和有机材料配制而成的水硬性复合材料。适用于各种土质条件下的表层、深层的改良加固,固化剂中的高分子材料通过交联形成三维网状结构,提高土壤的抗压、抗渗、抗折性能,其渗透系数不大于 $1×10^{-7}$ cm/s,固化剂元素无污染,对水的生态环境无副作用,水中动植物可健康生长	清除石块、杂草,松散土壤均匀拌和固化剂,摊平、碾压、常温养生,经胶结的土粒,填充了其中的孔隙,将松散的土变为致密的土而固定

这些材料之中,膨润土防水毯经过一年多的多方论证,最终被选定为 2008 年北京奥运龙形水系防渗工程的基本防渗材料。膨润土防水毯是具有国际先进水平的生态环保型防水防渗材料之一,自 20 世纪 80 年代后期问世以来,在几十个国家的人工湖、园林绿化、房屋建

筑、市政工程、水利工程、垃圾填埋场等许多领域得到了广泛的应用。最近几年，我国在城市生态水利的防渗工程中使用了该产品，普遍反映效果极佳。如图 2-5 所示为奥运龙形水系无地下建筑的硬质河床防渗设计。

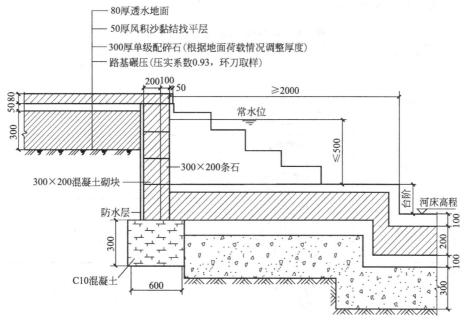

图 2-5 奥运龙形水系无地下建筑的硬质河床防渗设计

3. 保护层的施工

在防水层上平铺 15cm 厚的过筛细土，以保护塑料膜不被破坏。

4. 覆盖层的施工

在防水层上覆盖 50cm 回填上，防止水层被撬动。其寿命应保持 10～30 年。

人工湖在设计完成后的施工过程中，首先要按照设计在基址上进行放线，其次按照放线区域挖河床，接下来进行防渗工程和驳岸工程等工程处理。

第二节 人工湖施工

一、土方确定

开工前应认真分析设计图纸，并按设计图纸确定土方量，土方量计算一般根据附有原地形等高线的设计地形图进行。通过计算，还可以修订设计图中的不足，使图纸更完善。土方量的计算在规划阶段无须过分精确，故只需估算，但在作施工图时，土方工程量必须精确地计算。

土方量的计算方法有体积公式法、断面法、方格网法，可根据地形的具体情况采用；现场抄平的程序和方法按确定的计算方法进行，通过抄平测量，可计算出该场地按设计要求平整需挖土和回填的土方量。再考虑基础开挖还有多少挖出（减去回填）的土方量，并进行挖填方的平衡计算，做好土方平衡调配，减少重复挖运，以节约运费。土方量的计算方法作如下介绍。

1. 体积公式法

体积公式法就是把所设计的地形近似地假定为锥体、棱台等几何形体，然后用相应的求体积公式计算土方量。该方法简便、快捷，但精度不够，一般多用于初步设计阶段的体积公式法估算土方工程量见表 2-3。

表 2-3　体积公式法估算土方工程量

序号	几何体名称	几何体形状	体　积
1	圆锥		$V = \frac{1}{3}\pi r^2 h$
2	圆台		$V = \frac{1}{3}\pi h(r_1^2 + r_2^2 + r_1 + r_2)$
3	棱锥		$V = \frac{1}{3}Sh$
4	棱台		$V = \frac{1}{3}h(S_1 + S_2 + \sqrt{S_1 S_2})$
5	球缺		$V = \frac{\pi h}{6}(h^2 + 3r^2)$

注：式中，V 为体积；r 为半径；S 为底面积；h 为高；r_1、r_2 分别为上、下底半径；S_1、S_2 分别为上、下底面积。

2. 断面法

（1）垂直断面法　垂直断面法多用于园林地形纵横坡度有规律变化地段的土方工程量计算，如带状的山体、水体、沟渠、堤、路堑、路槽等。

此方法是以一组相互平行的垂直截断面将要计算的地形分截成"段"，然后分别计算每一单个"段"的体积，然后把各"段"的体积相加，求得总土方量。其体积计算公式如下：

$$V = \frac{1}{2}(S_1 + S_2)L$$

式中　V——相邻两截断面的挖、填方量，m^3；

　　　S_1——截断面 1 的挖、填方面积，m^2；

　　　S_2——截断面 2 的挖、填方面积，m^2；

　　　L——相邻两截断面间的距离，m。

截断面可以设在地形变化较大的位置，这种方法的精确度取决于截断面的数量，如地形复杂、要求计算精度较高时，应多设截断面；地形变化小且变化均匀，要求仅作初步估算时，截断面可以少一些，如图 2-6 所示。

（2）等高面法　等高面法是在等高线处沿水平方向截取断面，断面面积即为等高线所围合的面积，相邻断面之间高差即为等高距。等高面计算法与垂直断面法基本相似（如图 2-7 所示），其体积计算公式如下：

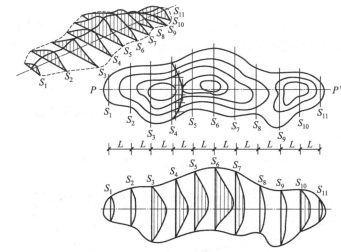

图 2-6　带状土山垂直截断面取法

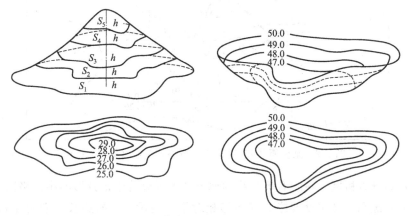

图 2-7　等高面法图示（单位：m）

$$V = \frac{S_1+S_2}{2}h + \frac{S_2+S_3}{2}h + \frac{S_3+S_4}{2}h + \cdots + \frac{S_{n-1}+S_n}{2}h + \frac{S_n}{3}h$$

$$= \left(\frac{S_1+S_n}{2} + S_2 + S_3 + S_4 + \cdots + S_{n-1} + \frac{S_n}{3} \right)h$$

式中　　V——土方体积，m^3；

　　　　S——各层断面面积，m^2；

　　　　h——等高距，m。

此方法最适于大面积自然山水地形的土方计算。

无论是垂直断面法还是等高面法，不规则的断面面积的计算工作总是比较烦琐的。一般来说，对不规则断面面积的计算可以采用以下两种方法。

① 求积仪法。用求积仪进行测量。此法较简单，更精确。

② 方格纸法。把方格纸蒙在图上，通过数方格数，再乘以每个方格的面积即可。此法方格网越密，其精度越高。

3. 方格网法

用方格网法计算土方量相对比较精确，一般用于平整场地，即将原来高低不平的、比较破碎的地形按设计要求整理成平坦的、具有一定坡度的场地。现结合具体实例说明其基本工作程序。

[例] 某公园为了满足游人活动的需要，拟将地面平整为三坡向、两面坡的"T"字形带喷泉的大型水景广场，如图 2-8 所示，要求广场具有 2‰ 的纵坡和横坡，土方就地平衡，试求其设计标高并计算其土方量。

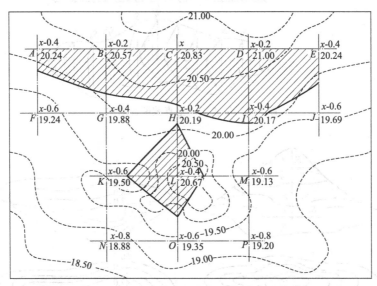

图 2-8　某公园"T"字形广场方格控制网（单位：m）

解：（1）划分方格网　在附有等高线的地形图上划分若干正方形的小方格网。方格的边长取决于地形状况和计算精度要求。在地形相对平坦地段，方格边长一般可采用20~40m；在地形起伏较大地段，方格边长可采用 10~20m。本例中取方格网边长为20m。

（2）填入原地形标高　根据总平面图上的原地形等高线确定每一个方格交叉点的原地形标高，或根据原地形等高线采用插入法计算出每个交叉点的原地形标高，然后将原地形标高数字填入方格网点的右下角，如图 2-9 所示。

施工标高	设计标高
-1.00	36.00
+⑨	35.00
角点编号	原地形标高

图 2-9　方格网点标高的注写

当方格交叉点不在等高线上就要采用插入法计算出原地形标高。插入法求标高公式如下：

$$H_X = H_a \pm \frac{xh}{L}$$

式中　H_X——角点原地形标高，m；

H_a——位于低边的等高线高程，m；

x——角点至低边等高线的距离，m；

h——等高距，m；

L——相邻两等高线间最短距离，m。

插入法求高程通常会遇到以下三种情况。

① 待求高点标高 H_X 在两等高线之间（如图 2-10 中①），计算公式如下：

$$h_x : h = x : L \quad h_x = \frac{xh}{L}$$

则
$$H_X = H_a + \frac{xh}{L}$$

② 待求高点标高 H_X 在低边等高线 H_a 的下方（如图 2-10 中②），其计算公式如下：

$$h_x : h = x : L \quad h_x = \frac{xh}{L}$$

则
$$H_X = H_a - \frac{xh}{L}$$

③ 待求高点标高 H_X 在高边等高线 H_b 的上方（如图 2-10 中③），其计算公式如下：

$$h_x : h = x : L \quad h_x = \frac{xh}{L}$$

则
$$H_X = H_a + \frac{xh}{L}$$

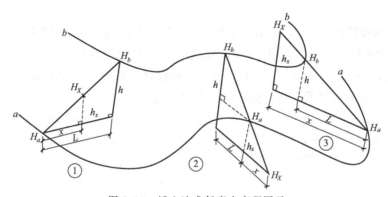

图 2-10　插入法求任意点高程图示

（3）求平整标高。平整标高又称计划标高，平整在土方工程的含义就是把一块高低不平的地面在保证土方平衡的前提下，挖高垫低使地面成为水平，这个水平地面的高程，就是平整标高，设计中通常以原地面高程的平均值（算术平均值或加权平均值）作为平整标高。设平整标高为 H_0，其计算公式如下：

$$H_0 = (\sum h_1 + 2\sum h_2 + 3\sum h_3 + 4\sum h_4)/(4N)$$

式中　H_0——平整标高，m；

　　　N——方格数；

　　　h_1——计算时使用一次的角点高程，m；

　　　h_2——计算时使用二次的角点高程，m；

　　　h_3——计算时使用三次的角点高程，m；

　　　h_4——计算时使用四次的角点高程，m。

例题中，则有

$$\sum h_1 = h_A + h_E + h_F + h_J + h_N + h_P$$
$$= 20.24 + 20.24 + 19.24 + 19.69 + 18.88 + 19.20$$

$$=117.49\text{m}$$

$$2\sum h_2=(h_B+h_C+h_D+h_K+h_M+h_O)\times 2$$

$$=(20.57+20.83+21.00+19.50+19.13+19.35)\times 2$$

$$=240.76\text{m}$$

$$3\sum h_3=(h_G+h_I)\times 3=(19.88+20.17)\times 3=120.15\text{m}$$

$$4\sum h_4=(h_H+h_L)\times 4=(20.19+20.67)\times 4=163.44\text{m}$$

$$H_0=(\sum h_1+2\sum h_2+3\sum h_3+4\sum h_4+)/(4N)$$

$$=(117.49+240.76+120.15+163.44)/(4\times 8)$$

$$=20.06\text{m}$$

（4）确定 H_0 的位置　H_0 的位置确定得是否正确，不仅直接影响着土方计算的平衡，而且也会影响平整场地设计的准确性。一般用数学分析法来确定 H_0 的位置。虽然通过不断调整设计标高最终也能使挖方、填方达到（或接近）平衡，但这样做必然要花费许多时间。

数学分析法适用于任何形状场地的定位，是指假设一个与所要求的设计地形完全一样（坡度、坡向、形状大小完全相同）的土体，再从这块土体的假设标高反求其平整标高的位置。

若设 C 点的设计标高为 x，则依给定的坡向、坡度和方格边长，根据坡度公式，立即算出其他各角点的假定设计标高，则有点 A、E、G、I、L 的设计标高为 $x-0.4$；点 B、D、H 的设计标高为 $x-0.2$；点 F、J、K、M、O 的设计标高为 $x-0.6$；点 N、P 的设计标高为 $x-0.8$。将各角点的假设设计标高代入式中，则

$$\sum h_1=x-0.4+x-0.4+x-0.6+x-0.6+x-0.8+x-0.8=6x-3.6$$

$$2\sum h_2=(x-0.2+x+x-0.2+x-0.6+x-0.6+x-0.6)\times 2=12x-4.4$$

$$3\sum h_3=(x-0.4+x-0.4)\times 3=6x-2.4$$

$$4\sum h_4=(x-0.2+x-0.4)\times 4=8x-2.4$$

$$H_0=(6x-3.6+12x-4.4+6x-2.4+8x-2.4)/(4\times 8)=x-0.4$$

（5）求设计标高　由上述计算已知 C 点的设计标高为 x，而 $x-0.4=20.06$，所以 $x=20.10$，根据坡度公式，可推算出其余各角点的设计标高。

（6）求施工标高　施工标高＝原地形标高－设计标高，得数为"＋"号的是挖方，得数为"－"号的为填方。施工标高填入方格网点的左上角。

（7）求零点线　所谓零点是指不挖不填的点，零点的连线就是零点线，它是挖方区和填方区的分界线，因此零点成为土方计算的重要依据之一。

在相邻的两角点之间，若施工标高值为正数、负数出现，则它们之间必定有零点存在，其位置可由下式求得：

$$x=ah/(h_1+h_2)$$

式中　x——零点距 h 一端的水平距离，m；

h_1、h_2——方格相邻两点的施工标高的绝对值，m；

a——方格边长，m。

如图 2-11 所示，以方格 $BCHG$ 中的 B、G 为例，求其零点。B 点的施工标高为 $+0.31$，G 点为 -0.18，分别取绝对值代入上式，即

$$x=ah/(h_1+h_2)=20\times 0.31/(0.31+0.18)=12.7\text{m}\approx 13\text{m}$$

也就是说，零点位置在距 B 点13m处（或距 G 点7m处）。同理将其余各零点的位置求出，并依地形的特点，将各点连接成线即零点线。按零点线将挖方区和填方区分开，如图2-11所示，以便计算其土方量。

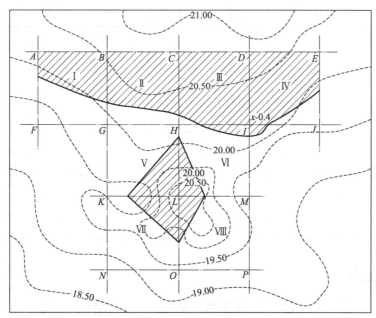

图2-11 某"T"字形广场挖、填方区划图（单位：m）

（8）土方计算 零点线为计算提供了填方和挖方面积，而施工标高为计算提供了挖方和填方的高度。依据这些条件，便可选择适宜的公式，求出各方格的土方量。

由于零点线切割方格的位置不同，形成各种形状的棱柱体。各种常用的棱柱体及其计算公式见表2-4。

表2-4 各种常用的棱柱体及其计算公式

挖填条件	图形	计算公式
三点填方（或挖方）		$\pm V = bc \sum h / 6$ $\pm V = (2a^2 - bc) \sum h / 10$
两点填方（或挖方）		$\pm V = a(b+c) \sum h / 8$
相对两点为填方（或挖方）		$\pm V = bc \sum h / 6$ $\pm V = de \sum h / 6$ $\pm V = (2a^2 - bc - de) \sum h / 12$
四点全为填方（或挖方）		$\pm V = a^2 \sum h / 12$

在本例中，方格 I 中 A、B 两点为挖方，F、G 两点为填方，代入两点挖方（或填方）公式计算，则依法可将其余各个方格的土方量逐一求出，并将计算结果逐项填入土方量平衡表（表 2-5）。

表 2-5 土方量平衡表　　　　　　　　　　　　　　　　单位：m³

方格编号	挖方	填方	备注
I	21.1	45	
II	51	6.25	
III	94.67	0.28	
IV	70.1	3.3	
V	23.8	34.5	
VI	17.5	40	
VII	14.3	108	
VIII	10	117.3	
总计	302.77	354.63	缺土 51.86

二、施工放线

（1）用仪器（经纬仪、罗盘仪、大平板仪或小平板仪）测设　如图 2-12 所示，根据湖泊的外形轮廓曲线上的拐点（如 1、2、3、4 等）与控制点 A 或 B 的相对关系，用仪器采用极坐标的方法将它们测设到地面上，并钉上木桩，然后用较长的绳索把这些点用圆滑的曲线连接起来，即得湖池的轮廓线，并撒上白灰标记。

湖中等高线的位置也可用上述方法测设，每隔 3～5m 钉一木桩，并用水准仪按测设设计高程的方法，将要挖深度标在木桩上，作为掌握深度的依据。也可以在湖中适当位置打上几个木桩，标明挖深，便可施工。施工时木桩处暂时留一土墩，以便掌握挖深，待施工完毕，再把土墩去掉。

岸线和岸坡的定点放线应该准确，这不仅因为它是水上部分，有关园林造景，而且与水体岸坡的稳定有很大关系。为了精确施工，可以用边坡样板来控制边坡坡度，如图 2-13 所示。

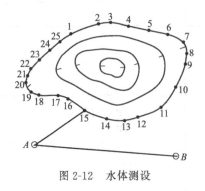

图 2-12　水体测设

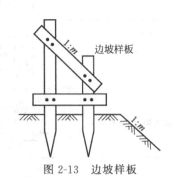

图 2-13　边坡样板

如果用推土机施工，定出湖边线和边坡样板就可动工，开挖到接近设计深度时，用水准仪检查挖深，然后继续开挖，直至达到设计深度。

（2）格网法测设　如图 2-14 所示，在图纸中欲放样的湖面上打方格网，将图上方格网按比例尺放大到实地上，根据图上湖泊外轮廓线各点在格网中的位置（或外轮廓线、等高线与格网的交点），在地面方格网中找出相应的点位，如 1，2，3，4…曲线转折点，再用长麻绳依图上形状将各相邻点连成圆滑的曲线，顺着曲线撒上白灰，做好标记。若湖面较大，可分成几段或十几段，用长 30～50m 的麻绳来分段连接曲线。

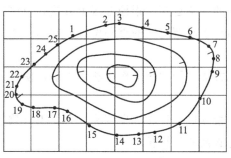

图 2-14　用网格法做水体测设

三、土方平衡与调配

1. 土方平衡与调配的概念及目的

土方的平衡与调配是指在计算出土方的施工标高、填方区和挖方区的面积及其土方量的基础上，划分出土方调配区，计算各调配区的土方量、土方的平均运距，确定土方的最优调配方案，给出土方调配图。

土方平衡调配工作的目的在于在使土方运输量或土方成本为最低的条件下，确定填方区和挖方区土方的调配方向和数量，从而达到缩短工期和提高经济效益的目的。

2. 土方平衡与调配的原则

在进行土方平衡调配时，必须考虑工程和现场情况，工程的进度要求和土方施工方法以及分期分批施工工程的土方堆放和调运问题，经过全面研究，确定平衡调配的原则之后，才能着手进行土方的平衡与调配工作。土方的平衡与调配的原则大致有如下几个方面。

① 与填方基本达到平衡，减少重复倒运。

② 挖（填）方量与运距的乘积之和尽可能为最小，即总土方运输量或运输费用最小。

③ 分区调配与全场调配相协调，避免只顾局部平衡，而破坏全局平衡。

④ 好土用在回填密度较高的地区，避免出现质量问题。

⑤ 土方调配应与地下构筑物的施工相结合，有地下设施的填土，应留土后填。

⑥ 选择恰当的调配方向、运输路线、施工顺序，避免土方运输出现对流和乱流现象，同时便于机具调配和机械化施工。

⑦ 取土或去土应尽量不占用园林绿地。

3. 土方平衡与调配的步骤及方法

（1）划分调配区　在平面图上画出挖方区和填方区的分界线，并在挖方区和填方区划分出若干调配区，确定调配区的大小和位置，划分时注意以下几点。

① 划分应考虑开工及分期施工顺序；

② 调配区大小应满足土方施工使用的主导机械的技术要求；

③ 调配区范围应和土方工程量计算使用的方格网相协调，一般可由若干个方格组成一个调配区；

④ 若土方运距较大或场地范围内土方调配不能达到平衡，可考虑就近借土或弃土。

（2）计算各调配区土方量　根据已知条件计算出各调配区的土方量，并标注在调配图上。

（3）计算各调配区之间的平均运距　指挖方区土方重心与填方区土方重心的距离。一般情况下，可以用作图法近似地求出调配区的重心位置，并标注在图上，用比例尺量出每对调配区的平均运输距离。

（4）确定土方最优调配方案　用"表上作业法"求解，使总土方运输量为最小值，即为最优调配方案。

（5）绘出土方调配图　根据以上计算标出调配方向、土方数量及运距（平均运距再加上施工机械前进、倒退和转弯必需的最短长度）。

四、湖体开挖

1. 一般规定

① 挖方边坡坡度应根据使用时间（临时或永久性）、土的种类、物理力学性质（内摩擦角、黏聚力、密度、湿度）、水文情况等确定。对于永久性场地，挖方边坡坡度应按设计要求放坡，如设计无规定，应根据工程地质和边坡高度，结合当地实践经验确定。

② 对软土土坡或极易风化的软质岩石边坡，应对坡脚、坡面采取喷浆、抹面、嵌补、砌石等保护措施，并做好坡顶、坡脚排水，避免在影响边坡稳定的范围内积水。

③ 挖方上边缘至土堆坡脚的距离，应根据挖方深度、边坡高度和土的类别确定。当土质干燥密实时，不得小于 3m；当土质松软时，不得小于 5m。在挖方下侧弃土时，应将弃土堆表面整平，使其低于挖方场地标高并向外倾斜，或在弃土堆与挖方场地之间设置排水沟，防止雨水排入挖方场地。

④ 施工者应有足够的工作面，一般人均 $4\sim6m^2$。

⑤ 开挖土方附近不得有重物及易塌落物。

⑥ 在挖土过程中，随时注意观察土质情况，注意留出合理的坡度。若需垂直下挖，松散土不得超过 0.7m，中等密度土不超过 1.25m，坚硬土不超过 2m。超过以上数值的须加支撑板，或保留符合规定的边坡。

⑦ 挖方工人不得在土壁下向里挖土，以防塌方。

⑧ 施工过程中必须注意保护基桩、龙门板及标高桩。

⑨ 开挖前应先进行测量定位，抄平放线，定出开挖宽度，按放线分块（段）分层挖土。根据土质和水文情况，采取在四侧或两侧直立开挖或放坡，以保证施工操作安全。当土质为天然湿度、构造均匀、水文地质条件良好（即不会发生坍滑、移动、松散或不均匀下沉）、无地下水，且挖方深度不大时，开挖亦可不必放坡，采取直立开挖不加支护，基坑宽应稍大于基础宽。如超过一定的深度，但不大于 5m 时，应根据土质和施工具体情况进行放坡，以保证不塌方。放坡后坑槽上口宽度由基础底面宽度及边坡坡度决定，坑底宽度每边应比基础宽出 15~30cm，以便于施工操作。

2. 机械挖方

在机械作业之前，技术人员应向机械操作员进行技术交底，使其了解施工场地的情况和施工技术要求，并对施工场地中的定点放线情况深入了解，熟悉桩位和施工标高等，对土方施工做到心中有数。

施工现场布置的桩点和施工放线要明显。应适当加高桩木的高度，在桩木上作出醒目的标志或将桩木漆成显眼的颜色。在施工期间，施工技术人员应和推土机手密切配合，随时随地用测量仪器检查桩点和放线情况，以免挖错位置。

在挖湖工程中，施工坐标桩和标高桩一定要保护好。挖湖的土方工程因湖水深度变化比较一致，而且放水后水面以下部分不会暴露，因此在湖底部分的挖土作业可以比较粗放，只要挖到设计标高处，并将湖底地面推平即可。但对湖岸线和岸坡坡度要求很准确的地方，为保证施工精度，可以用边坡样板来控制边坡坡度的施工。

挖土工程中对原地面表土要注意保护。因表土的土质疏松肥沃，适于种植园林植物，所以对地面 50cm 厚的表土层（耕作层）挖方时，要先用推土机将施工地段的这一层表面熟土推到施工场地外围，待地形整理妥当，再把表土推回铺好。

3. 人工挖方

(1) 挖土施工中一般不垂直向下挖得很深，要有合理的边坡，并要根据土质的疏松或密实情况确定边坡坡度的大小。必须垂直向下挖土的，则在松软土情况下挖深不超过 0.7m，中密度土质的挖深不超过 1.25m，硬土情况下不超过 2m。

(2) 对岩石地面进行挖方施工，一般要先行爆破，将地表一定厚度的岩石层炸裂为碎块，再进行挖方施工。爆破施工时，要先打好炮眼，装上炸药雷管，待清理施工现场及其周围地带，确认爆破区无人滞留之后，才点火爆破。爆破施工的最关键处就是要确保人员安全。

(3) 相邻场地、基坑开挖时，应遵循先深后浅或同时进行的施工程序。挖土应自上而下水平分段分层进行，每层 0.3m 左右。边挖边检查坑底宽度及坡度，不够时及时修整，每 3m 左右修一次坡，至设计标高，再统一进行一次修坡清底，检查坑底宽和标高，要求坑底凹凸不超过 1.5cm。在已有建筑物侧挖基坑（槽）应间隔分段进行，每段不超过 2m，相邻段开挖应在已挖好的槽段基础完成并回填夯实后进行。

(4) 基坑开挖应尽量防止对地基土的扰动。当用人工挖土，基坑挖好后不能立即进行下道工序时，应预留 15～30cm 一层土不挖，待下道工序开始再挖至设计标高。采用机械开挖基坑时，为避免破坏基底土，应在基底标高以上预留一层人工清理。使用铲运机、推土机或多斗挖土机时，保留上层厚度为 20cm；使用正铲、反铲或拉铲挖土时，保留上层厚度为 30cm。

4. 施工排水

在地下水位较高或有丰富地面滞水的地段开挖基坑（槽、沟），常会遇到地下水。由于地下水的存在，不仅土方开挖困难，工效很低，而且边坡易于塌方。因而土方开挖施工中，应根据工程地质和地下水文情况，采取有效的降水或降低地下水位措施，使土方开挖和回填达到无水状态，以保证土方工程施工质量和顺利进行。

在施工区域内设置临时性或永久性排水沟，将地面水排走或排到低洼处，再设水泵排走；或疏通原有排水泄洪系统；排水沟纵向坡度一般不小于 2%，使场地不积水；山坡地区，在离边坡上沿 5～6m 处，设置截水沟、排洪沟，阻止坡顶雨水流入开挖基坑区域内，或在需要的地段修筑挡水堤坝阻水。

基坑开挖降低地下水位的方法很多，一般常用的有明沟排水和井点降水两类方法。前者系在基坑内挖明沟排水，汇入集水井用水泵直接排走；后者是沿基坑外围以适当的距离设置一定数量的各种井点进行间接排水。明沟排水是施工中应用最广，最为简单、经济的方法。

降低地下水位的方法，应根据土层的渗透能力、降水深度、设备条件及工程特点来选定，可参见表 2-6。

表 2-6　降低地下水位的方法选择

降低地下水方法	土层渗透系数/(m/昼夜)	降低水位深度/m	备注
一般明排法	—	地面水和浅层水	—
大口径井	4～10	0～6	—
一级轻型井点	0.1～4	0～6	—
二级轻型井点	0.1～4	0～9	—
深井点	0.1～4	0～20	需复核地质勘探资料
电渗井点	<0.1	0～6	—

采用机械在槽（坑）内挖土时，应使地下水位降至槽（坑）底面 0.5m 以下，方可开挖土方，且降水作业持续到回填土完毕。

五、湖底做法

湖底做法应因地制宜。大面积湖底适宜于灰土层做法，较小的湖底可以用混凝土做法，用塑料薄膜铺适合湖底渗漏中等的情况，见表 2-7。

表 2-7　人工湖常用湖底做法

项目	说　明
灰土层湖底	对于灰土层湖底（图 2-15），灰、土比例常用 3∶7。土料含水量要适当，并用 16～20mm 筛子过筛。生石灰粉可直接使用，如果是块灰焖制的熟石灰要用 6～10mm 筛子过筛。注意拌和均匀，最少翻拌两次。灰土层厚度大于 200mm 时要分层压实 400～450mm厚3∶7灰土夯实 素土夯实 图 2-15　灰土层湖底做法
塑料薄膜湖底	对于塑料薄膜湖底（图 2-16），应选用延展性强和抗老化能力好的塑料薄膜。铺贴时注意衔接部位要重叠 0.5m 以上。摊铺上层黄土时动作要轻，切勿损坏薄膜 450mm厚黄土夯实 0.50mm厚聚乙烯膜 50mm厚找平黄土层 素土夯实 图 2-16　塑料薄膜湖底做法

续表

项目	说　明
混凝土湖底	对于混凝土湖底(图 2-17),较塑料薄膜湖底(图 2-16)增加了 200mm 厚碎石层、60mm 厚混凝土层及 60～100mm 厚碎石混凝土层,有利于湖底加固和防渗,但投入比较大 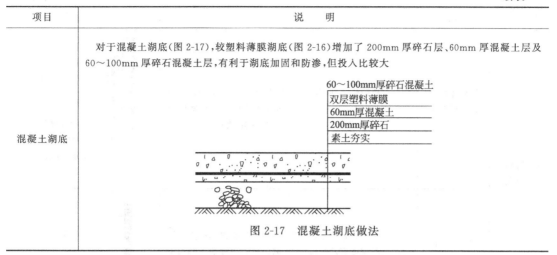 图 2-17　混凝土湖底做法

六、湖底防水层施工

这里主要介绍钠基膨润土防水毯防水层的施工。

1. 钠基膨润土防水毯的特性

钠基膨润土也叫"胶岭石"或"微晶高岭石",其分子粒径为 $10^{-11}\sim10^{-9}$ m,以蒙脱石为主要成分的黏土矿物,白色微带红或绿色,硬度为 1.5,相对密度 2.5～2.6;其重要特性是遇水后膨胀。当以钠基膨润土为主要材料制成的膨润土防水垫遇水膨胀时,其体积膨胀约为自身体积的 15 倍甚至 30 倍,能吸收自身重量 5 倍的水,最终形成一层高密度的不透水的胶状物,能有效地隔绝水的浸渗,即使被尖状物刺穿,或由于不均匀沉降产生裂缝,膨润土也能自行修补。其产品具有很好的抗渗作用,其渗透系数 $\leqslant5.0\times10^{-10}$ m/s,具有很强的吸附性和抗酸碱性。因膨润土为天然矿物,不老化,故防水性能持久。

膨润土防水毯采用柔性连接,通过连接处的水平位移分解应力,可有效保证防水体系的完好。该材料具极佳的环保性能,施工简便。又由于其具有柔软性,遇到各种复杂的形体,防水毯均可任意裁剪、切割、拼接,因此,特别适用于园林中湖、池、溪流的底部防水。

2. 钠基膨润土防水毯的分类

钠基膨润土防水毯的分类见表 2-8。

表 2-8　钠基膨润土防水毯的分类

分类方法	名称	说　明	图示
按产品类型分类	针刺法钠基膨润土防水毯	针刺法钠基膨润土防水毯,是由两层土工布包裹钠基膨润土颗粒针刺而成的毯状材料,如图 2-18 所示。用 GCL-NP 表示	塑料扁丝编织土工布 钠基膨润土 非织造土工布 图 2-18　例图

分类方法	名称	说　明	图示
按产品类型分类	针刺覆膜法钠基膨润土防水毯	针刺覆膜法钠基膨润土防水毯,是在针刺法钠基膨润土防水毯的非织造土工布外表面上复合一层高密度聚乙烯薄膜,如图 2-19 所示。用 GCL-OF 表示	塑料扁丝编织土工布 钠基膨润土 非织造土工布 HDPE薄膜 图 2-19　例图
	胶黏法钠基膨润土防水毯	胶黏法钠基膨润土防水毯,是用胶黏剂把膨润土颗粒黏结到高密度聚乙烯板上,压缩生产的一种钠基膨润土防水毯,如图 2-20 所示。用 GCL-AH 表示	钠基膨润土 高密度聚乙烯板 图 2-20　例图
按膨润土品种分类		(1)人工钠化膨润土用 A 表示 (2)天然钠基膨润土用 N 表示	
按单位面积质量分类		膨润土防水毯单位面积质量:4000g/m²、4500g/m²、5000g/m²、5500g/m² 等,用 4000、4500、5000、5500 等表示	
按产品规格分类		(1)产品长度以 m 为单位,用 20、30 等表示 (2)产品宽度以 m 为单位,用 4.5、5.0、5.85 等表示 (3)特殊需要可根据要求设计	

3. 钠基膨润土防水毯的技术要求

(1) 外观质量　表面平整,厚度均匀,无破洞、破边,无残留断针,针刺均匀。

(2) 尺寸偏差　长度和宽度尺寸偏差应符合表 2-9 的要求。

表 2-9　尺寸偏差

项　目	指　标	允许偏差/%
长度/m	按设计或合同规定	−1
宽度/m	按设计或合同规定	−1

(3) 物理力学性能。产品的物理力学性能应符合表 2-10 的要求。

表 2-10　物理力学性能指标

项目	技术指标		
	GCL-NP	GCL-OF	GCL-AH
膨润土防水毯单位面积质量/(g/m²)	≥4000 且不小于规定值	≥4000 且不小于规定值	≥4000 且不小于规定值
膨润土膨胀指数/(mL/2g)	≥24	≥24	≥24
吸蓝量/(g/100g)	≥30	≥30	≥30

续表

项目		技术指标		
		GCL-NP	GCL-OF	GCL-AH
抗拉强度/(N/100mm)		≥600	≥700	≥600
最大负荷下伸长率/%		≥10	≥10	≥8
剥离强度/(N/100mm)	非织造布与编织布	≥40	≥40	—
	PE膜与非织造布	—	≥30	—
渗透系数/(m/s)		≤5.0×10^{-11}	≤5.0×10^{-12}	≤1.0×10^{-12}
耐静水压		0.4MPa,1h,无渗漏	0.6MPa,1h,无渗漏	0.6MPa,1h,无渗漏
滤失量/mL		≤18	≤18	≤18
膨润土耐久性/(mL/2g)		≥20	≥20	≥20

4. 钠基膨润土防水毯施工做法

钠基膨润土防水毯常用施工构造做法如图 2-21 所示。

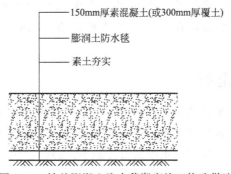

图 2-21 钠基膨润土防水毯湖底施工构造做法

5. 钠基膨润土防水毯施工要点

(1) 基地清理。清除大石块、树根、有尖角的石块和其他杂物。

(2) 基地夯实,大气压力要求一般为 1.4~2.0kPa。

(3) 如基地有积水应先行排除,防止防水毯的早期水化。

(4) 防水毯的搭接宽度在 30cm,接缝处不得有褶皱,并在搭接处撒膨润土干粉,在斜边和特殊点可用膨润土膏(由重量比 1:3 的膨润土粉加水均匀拌和而成的柔软膏体),并可用间隔为 30cm 的竹钉固定。

(5) 施工中遇到管线通过,应以浆状膨润土涂外管边。

(6) 大面积铺设时,应采用铲车或吊车等机械设备,小面积的可人工铺设。

(7) 膨润土防水毯铺设完成后,需夯实回填 30cm 厚的级配土层或 15cm 厚的素混凝土。

(8) 当边坡斜度超过 15°时,边坡部分可采用 15cm 厚的混凝土压实。

第三章

溪流设计与施工

第一节　溪流概述

一、流水地貌

流水是自然界带状的水面，它既有狭长曲折的形状，又有宽窄、高低的变化，还有深浅的不同。在平原地区，由于地势平坦，河谷开阔，河床受地形的约束力小，河水能自由迂回流淌，形成自由的水流。在山区，水流受地形的约束力大，水的流线相对变化慢，往往形成深地的水流，在水流水平折处，由于侵蚀力强，又往往出现深槽的水流地貌。

二、溪流的组成与形态

溪流是园林工程建设中水景的重要表现形式，它不仅能给人以欢乐、活跃的美感，而且能加深各景物间的层次，使景物丰富而多变。溪流是园林工程建设中自然河流艺术的再现，是连续的带状动态水体。溪浅而阔，水沿滩漫流而下，轻松愉快，柔和随意；溪深而窄，水量充沛，水流急湍，扣人心弦，如图 3-1 所示。

图 3-1　溪流

1. 溪流的组成

溪流的组成模式如图 3-2 所示，从图中可以看出以下几方面。

① 溪流呈狭长带状，曲折流动，水面有宽窄变化；

② 溪中有河心滩、三角洲、河漫滩，岸边和水中有岩石、矶石、汀步、小桥等；

③ 岸边有若即若离的自由小路。

2. 溪流的平面结构

溪流之所以能够增加景物层次、丰富景物内涵，是因为它弯弯曲曲，而每一弯处，或是岸滩树木茂盛，或是芳草萋萋而可赏。在溪流平面设计时，应注意曲折、宽窄的变化，及其水流的变化和所产生的水力的变化引起的副作用。水面窄则水流急，水面宽则水流缓，从而造成水流的多种变化。水流平流时对坡岸产生的冲刷力最小，随着弯道半径的加大，则水对迎水面坡岸的冲刷力增加。为此，溪流设计中，对弯道的弯曲半径有一定的要求。当迎水面有铺砌时，$R > 2.50$；当迎水面无铺砌时，$R > 50$，如图 3-3 所示。

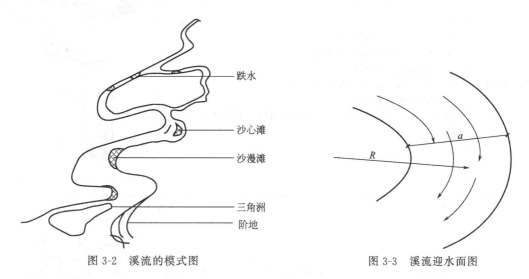

图 3-2　溪流的模式图　　　　　　　　图 3-3　溪流迎水面图

3. 溪流的形态

溪流是水景中富有动感和韵味的水景形式，溪流的形态应根据环境条件、水量、流速、水深、水面宽和所用材料进行合理的设计，其中，石材景观在溪流中具有较为独特的效果，见表 3-1。

表 3-1　石材景观在溪流中的应用效果

名称	效　果	应用部位
主景石	形成视线焦点、起对景和点题的作用,并能说明溪流名称与内涵	溪流的首尾或转向处
隔水石	形成局部小落差和细流声响	铺在局部水线变化的位置
切水石	使水产生分流和波动	不规则布置在溪流中间
破浪石	使水产生分流和飞溅	用于坡度较大、水面较宽的溪流
河床石	观赏石材的自然造型和纹理	设在水面下
垫脚石	具有力度感和稳定感	用于支撑大石块

续表

名称	效 果	应用部位
横卧石	调节水速和水流的方向,形成溢口	溪流狭窄处或转向处
铺底石	美化水底,种植苔藻	多采用卵石、砾石、水刷石、瓷砖铺在基底上
踏步石	装点水面,方便步行	横贯溪流,自然布置

三、溪流的表现形式

溪流的具体表现形式见表 3-2。

表 3-2　溪流的具体表现形式

类别	特　点	图示
表现幽静深邃	(1)水流的形态是线形或带状的 (2)水流应与前进的方向相平行 (3)空间较窄,岸线曲折 (4)利用光线、植物等创造较暗的环境 (5)利用错觉增加深远感 水面的宽度一样,但环境不同则形成不同的空间气氛,如图 3-4 所示	 活泼的空间 开朗的空间 深邃的空间 图 3-4　空间气氛的创造
表现跃动、欢快、活泼	(1)坡度一般为 1%~2%,最小坡度为 0.5%~0.6%,有趣味的坡度是在 3% 内变化。最大的坡度一般不超过 3%,因为超过 3% 河床会受到影响,如坡度超过 3% 应采取工程措施 (2)河床宽窄变化决定流速和流水的形态,如图 3-5 所示 (3)河床的平坦和凹凸不平能产生不同的景观效果,如图 3-6 所示	 溪道变宽形成平静的缓流 溪道变窄形成急流与波浪 图 3-5　溪道的宽窄变化对水流形态的影响 汹涌的湍流 平静的缓流　活跃的微波 图 3-6　形成波浪的河床
表现山林野趣	(1)通过对水形线形的曲折变化,水面宽窄的组织,造成水量大小不同的急流、缓流,从而表现出深远、平静、跳跃等不同性格的空间 (2)通过对流水声响韵律的组织,用植物、山石等的配置,渲染山林的野趣	

四、溪流的布置要点

(1) 溪流的形态应根据环境条件、水量、流速、水深、水面宽和所用材料进行合理的设计。其布置讲究施法自然,宽窄曲直对比强烈,空间分隔开合有序。平面上要求蜿蜒曲折,立面上要求有缓有陡，整个带状游览空间层次分明，组合有致，富于节奏感。

（2）溪流中常设汀步、小桥、滩、点石，也可随流水走向设若接若离的小路。

（3）溪流上通水源，下达水体，途中有瀑布或涌泉景点，是一条带状组合。其带状组合蜿蜒曲折，有缓有陡，对比强烈，富有节奏，最后回归大水体。

（4）布置溪流时，积极创造地势，铺装陡石、冲积石、卵石，并利用地形的高低起伏造就水的蜿蜒流动、急湍跌落与坦荡宁静的表现过程，如图 3-7 所示。

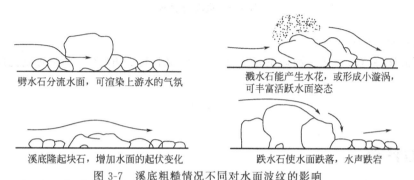

劈水石分流水面，可渲染上游水的气氛　　溅水石能产生水花，或形成小漩涡，可丰富活跃水面姿态

溪底隆起块石，增加水面的起伏变化　　跌水石使水面跌落，水声跌宕

图 3-7　溪底粗糙情况不同对水面波纹的影响

第二节　溪流的水力计算与施工技术

溪流的水力计算主要是为了解决溪流的水流速度与驳岸及溪流底部结构的矛盾，洪水期的水位与护坡的矛盾，枯水期的水景效果与驳岸景观灯的矛盾。

一、水力计算的一般概念

（1）过水断面积（W）　指水流垂直方向的断面面积。由于过水断面积随着水位的变化而变化，因而又可分为洪水断面、常水断面、枯水断面。通常把经常过水的断面称为过水断面。

（2）湿周（X）　水流和岸壁相接触的周界称为湿周。湿周为溪水与流床的接触周界。湿周的长短表示水流所受阻力的大小。湿周越长，表示水流受到的阻力越大；反之，水流所受的阻力就越小。

（3）水力半径（R）　水流的过水断面积与该断面湿周之比称为水力半径，单位为 m，即

$$R = \frac{W}{X}$$

（4）边坡斜度（$\tan\alpha$）　在与水流方向垂直的断面上，某一边的边坡斜度等于边坡的高 H 与靠该边的溪底到高所在直线的水平距离 L 的比，如图 3-8 所示。

$$\tan\alpha = \frac{H}{L}$$

砖石或混凝土铺砌的溪流边坡一般斜度为 1∶（0.75～1.0）。

自然开挖的溪流，根据土质的不同，要求边坡的斜度不同。黏质砂土 1∶（1.5～2.0）；砂质黏土和黏土 1∶（1.25～1.5）；砾石土和卵石土 1∶（1.25～1.5）；半岩性土 1∶（0.5～

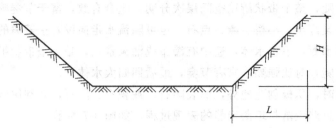

图 3-8　边坡斜度图

1.0)；风化岩石 1∶(0.25～0.5)。

(5) 河流比降 (i)　任一河段的落差 ΔH 与河流长度 L 的比，称为河流比降，以千分率 (‰) 计。

$$i = \frac{\Delta H}{L}$$

二、水力计算

(1) 流速　流速是指气体或液体流质点在单位时间内所通过的距离。渠道和河道里的水流各点的流速是不相同的，靠近河（渠）底、河边处的流速较小，河中心近水面处的流速最大，为了计算简便，通常用横断面平均流速来表示该断面水流的速度。

$$v = \frac{1}{n} R^{\frac{2}{3}} i^{\frac{1}{2}}$$

式中　v——流速，m/s；

　　　　R——水力半径，m；

　　　　n——河道粗糙系数。

当河道粗糙率变化不大或槽形呈现出宽浅的状态时，$h_{平}$ 代替 R，则公式可简化为

$$v = \frac{1}{n} h_{平}^{\frac{2}{3}} i^{\frac{1}{2}}$$

式中　$h_{平}$——河道平均水深；当河道为矩形断面时，$h_{平} = 0.6h$；当河道为抛物线形断面时，$h_{平} = h$，m；

　　　　h——河道中最大水深，m；

　　　　n——河道粗糙系数（n 值查表 3-3 和表 3-4）。

表 3-3　小河的粗糙系数 n 值

河道类型	平坦土质	弯曲或生长杂草	杂草丛生	阻塞小河沟、巨大顽石
粗糙系数	25	20	15	10

表 3-4　河渠粗糙系数 n 值

	河渠特征	n
土质	$Q > 25\text{m}^3/\text{s}$ 平整顺直，养护良好 平整顺直，养护一般 河渠多石，杂草丛生，养护较差	0.0225 0.0250 0.0275

河渠特征		n
土质	$Q=1\sim25\text{m}^3/\text{s}$	
	平整顺直,养护良好	0.0250
	平整顺直,养护一般	0.0275
	河渠多石,杂草丛生,养护较差	0.0300
	$Q<1\text{m}^3/\text{s}$	
	渠床弯曲,养护一般	0.0275
	支渠以下的渠道	0.0275~0.0300
各种材料护面	光滑的水泥抹面	0.012
	不光滑的水泥抹面	0.014
	光滑的混凝土护面	0.050
	平整的喷浆护面	0.015
	料石砌护面	0.015
	砌砖护面	0.015
	粗糙的混凝土护面	0.017
	不平整的喷浆护面	0.018
	浆砌块石护面	0.025
	干砌石护面	0.033
岩石	经过良好修正的	0.025
	经过中等修整的无凸出部分	0.030
	经过中等修整的有凸出部分	0.033
	未经过修整的有凸出部分	0.035~0.045

溪流中水的流速应在一定范围之内。流速过大,由于水流对岸边的冲刷严重,容易造成溪岸和湖底的破坏,同时也会带来大量的泥沙;流速过小,人们就感受不到流水的趣味,营造不出溪流的造景效果。如果水源水比较浑浊,流速过小,就会产生淤积,阻碍水流,严重的日久就会造成溪流景观的报废。根据河道的土质、砌护材料及溪水含泥沙的情况不同,溪流允许的最大水流速度见表3-5。

表3-5　溪流允许的最大流速

土壤或砌护种类	最大流速/(m/s)
混凝土硬质山石砌护	8.00~10.00
混凝土护面	5.00~8.00
卵石护面	1.50~3.50
黏质土	1.20~1.80
黄土及黏壤土	1.00~1.20
草皮护面	0.80~1.00
泥炭灰	0.70~1.00
薄砂质护面	0.70~0.80
淤泥	0.25~0.50

溪流最小允许流速(临界淤泥流速或称不淤泥流速)可根据达西公式计算求得:

$$V_k = CR$$

式中　V_k——临界淤积平均流速，m/s；

　　　R——半径，m；

　　　C——取决于泥沙颗粒粗细的系数。

达西公式中 C 取值应符合表 3-6。

表 3-6　达西公式中 C 取值

泥砂性质	C
粗砂纸黏土	0.65～0.77
中砂质黏土	0.58～0.64
细砂质黏土	0.41～0.54
极细砂质黏土	0.37～0.41

设计流速时，可在最大流速与最小流速之间取值，并结合景观要求来确定比值。

（2）流量　单位时间内通过河渠某一横截面水的体积称流量，以 Q 表示，单位 m³/s。

$$Q = Wv$$

式中　W——过水断面面积，m²；

　　　v——平均流速，m/s。

（3）溪流的流量损失　溪流中水流量的损失主要是渗漏。溪流的长度越长，水流量越大，土壤的渗漏性越强，流量的损失就越大，反之就小。

园林工程建设中，可依溪流河床工程处理和天然土壤透水情况，估计流量的损失。一般情况下，经过铺砌的溪流河床，其流量损失为 5%～10%；自然土壤上的溪流河床，透水性微弱的，流量损失约为 30%；中等透水的河床，流量损失约为 40%；而透水性强的河床，流量损失约为 50%。

溪流要达到一定的设计流量，供给溪流的水量就必须为设计流量与损失流量的和，如果还要考虑溪流水面蒸发水量损失，可再增加损失流量的 1%。

三、溪流的施工

1. 溪流的施工流程

清场→造坡→夯实→防水毯铺设→混凝土垫层铺设→卵石驳岸→水底卵石铺设。

2. 施工准备

（1）场地放样、定标高　按照广场设计图所绘的施工坐标方格网，将所有坐标点测设到场地上并打桩定点。然后以坐标桩点为准，根据广场设计图，在场地地面上放出场地的边线，主要地面设施的范围线和挖方区、填方区之间的零点线。然后定出坐标点标高，注意尽量采用共同基准点。

（2）地形复核　对照广场竖向设计图，复核场地地形。各坐标点、控制点的自然地标标高数据，有缺漏的要在现场测量补上。

3. 各分部（分项）工程施工工艺

（1）土方施工

① 挖方与填方施工。根据设计的标高进行挖填土方。填方时应当先深后浅、先分层填

实深处，按施工规范每填一层就夯实一层。

② 场地平整与找坡。挖填方工程基本完成后，对挖填出的新地面进行整理，使地面平整度限制在 0.05m 内。根据各坐标桩标明的该点填挖高度和设计的坡度数据，对场地进行找坡，保证场地内各处地面都基本达到设计的坡度。

③ 素土夯实。当挖土达到设计标高后，可用打夯机进行素土夯实，达到设计要求素土夯实的密实度。当夯实过程中如果打夯机的夯头印迹基本看不出时，可用环刀法进行密实度测试。如果密实度尚未达到设计要求，应不断夯实，直到达到设计要求为止。

④ 防水毯操作工艺。

a. 铺贴方向。卷材垂直于水流方向铺贴。

b. 铺贴油毡的顺序。铺贴应从最低标高处开始往高标高的方向滚铺，应用力均匀，以将浇油挤出、粘实，不存空气为好，并将挤出沿边油刮去以平为度。

c. 铺贴各层油毡的宽度。长边不小于 70mm，短边不小于 100mm。

（2）持力层的浇筑　在完成的基层上定点放线，每 10m 为一点，根据设计标高，小溪的边线放中间桩和边桩。并在小溪整体边线处放置施工挡板。挡板的高度应在稳定层以上，但不要太高，并在挡板上画好标高线。

复核、检查和确定面层前，在干燥的基层上洒一层水或 1：3 砂浆。浇筑、捣实混凝土，并用直尺将顶面刮平，顶面调整至设计标高。施工中要注意做出小溪的横坡和纵坡。

混凝土面层施工完成后，应及时开始养护，可用湿的稻草、湿砂及塑料薄膜覆盖在面层上进行养护。

（3）砂浆找平

① 铺水泥砂浆面层：待混凝土初凝后紧跟着铺水泥砂浆，在灰饼之间（或标筋之间）将砂浆铺均匀，然后用木棍刮杠刮平。铺砂浆时如果灰饼（或标筋）已硬化，木棍刮杠刮平后，同时将利用过的灰饼（或标筋）敲掉，并用砂浆填平。

② 木抹子搓平：木棍刮杠刮平后，立即用木抹子搓平，从内向外退着操作，并随时用 2m 靠尺检查其平整度。

③ 养护：地面面层压光完工后 24h，铺锯末或其他材料覆盖洒水养护，保持湿润，养护时间不少于 7d。当抗压强度达 5MPa 才能上人。

（4）水底卵石铺设　待混凝土强度达到龄期后，选优上等卵石，浸泡在稀盐酸酸洗，抛光，然后铺洒在溪水中。

第四章

水池设计与施工

第一节　水池的设计

水池是静态水体，形式多样，可由设计者任意发挥。一般而言，池的面积较小，岸线变化丰富，具有装饰性，以观赏为主，现代园林中的流线型抽象式水池更为活泼、生动、富于想象。水池不同于河流、湖和池塘，主要是因为河流、湖和池塘多取自天然水源，面积大且只能四周驳岸处理。而水池面积相对较小，多取自人工水源，因此必须设计进水、溢水和泄水管线，而且除池壁外，池底也必须人工铺砌。

水池是最常见的水景工程，水池的设计通常分为平面设计、剖面设计、立面设计、管线安装设计四大部分。

一、水池概述

水池在园林中的用途很广泛，可用于广场中心、道路尽端以及和亭、廊、花架等各种建筑形成富于变化的各种组合。这样可以在缺乏天然水源的地方开辟水面以改善局部的小气候条件，为种植、饲养有经济价值和观赏价值的水生动植物创造生态条件，并使园林空间富有生动活泼的景观。

1. 水池的形态及种类

水池的形态种类众多，其深浅和池壁、池底材料也各不相同，常有规则严谨的几何式和自由活泼的自然式之分，也有浅盆式与深盆式之别，更有运用节奏韵律的错位式、半岛式、岛式、错落式、池中池式、多边形组合式、圆形组合式、多格式、复合式、拼盘式等。水池按其修建材料来分，可分为刚性结构和柔性结构两种。

2. 水池常用材料

水池常用材料见表 4-1。

表 4-1　水池常用材料

序号	材料	应用	装饰	使用方法
1	现浇混凝土	大型观赏展示水池和娱乐水池	彩色、织纹、涂料、瓷砖	用大量水泥与砂石混合成混凝土，现场制作完成
2	预制混凝土	小型水池	彩色、涂料、瓷砖	在工厂预制生产混凝土型材料，连接处必须密封、防水
3	压力喷浆混凝土	观赏展示水池、游泳池	彩色、涂料、瓷砖、仿石	现场铺设钢筋网、框架并用水泥喷射。放石头或水生植物花盆的墩子在现场制作

序号	材料	应用	装饰	使用方法
4	石材	观赏展示水池	天然石材、人造石打磨成光滑或粗糙表面	使用灰泥将石材黏结在薄材贴面或排水垫的薄膜上即可
5	砖	小型水池装置和结构	专用涂料抹光或封严	使用水泥砂浆砌筑,水堰和水墙处的节点必须慎重处理
6	金属	小型水池装置和结构	高质量抛光表面	金属表面需要涂环氧密封剂
7	玻璃纤维	小型装置	成型后较光滑	在工厂预制,安装后再上涂料

二、水池的平面设计

水池的平面设计,首先应明确水池在地面以上的平面位置、尺寸和形状,这是水池设计的第一步。水池的大小和形状需要根据整体园林工程建设来确定,其中水池形状设计最为关键,水池的形状可分为自然式水池、规则式水池和混合式水池三种形式。在设计中可视具体情况而设计形式多样、既美观又耐用的水池,如图 4-1 所示。

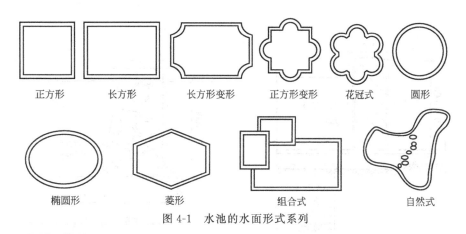

正方形　　长方形　　长方形变形　　正方形变形　　花冠式　　圆形

椭圆形　　　菱形　　　　组合式　　　　自然式

图 4-1　水池的水面形式系列

1. 自然式水池

自然式水池池岸线为自然曲线。在公园的游乐区中以小水面点缀环境,水池常结合地形、花木种植,设计成自然式;在水源不太丰富的风景区及生态植物园中,也需要在自然式的水池培养荷花鱼类等各种水生生物。在动物园中,河马、海豚等大型水生动物,需要与大自然相近的栖息地,水池也常设计成自然式的;鸭、鹅等水禽的游息地,宜与草皮坡地相连,自然而有情趣,其水池设计都为自然式。这一类型的水池在中国园林中最为常见,日本园林中也较普遍。

2. 规则式水池

规则式水池的池岸线围成规则的几何图形,显得整齐大方,是现代园林建设中应用越来越多的水池类型。在西方园林中的水池大多为规则的长方形或正方形,在我国现代园林中,也有很多规则式水池,而规则式水池在广场及建筑物前,能起到很好的装点和衬托作用。

水池的平面设计应注意,水池的大小要与园林空间及广场的面积相互协调,水池的轮廓与自然地貌及广场、建筑物的轮廓相统一。无论是规则式还是自然式水池都力求造型简洁大方。

三、水池的立面设计

主要是立面图的设计，立面图反映水池主要朝向的池壁的高度和线条变化。池壁顶部离地面的高度不宜过大，一般为200mm左右。考虑到方便游人坐在池边休息，可以增高到350～450mm。

四、水池的剖面设计

园林中的水池，深度一般为1m左右。但面积的大小差异很大，大的有几百平方米，小的仅几十平方米。无论怎样的水池都必须做好结构剖面设计。

1. 砖石墙池壁水池

水池深小于1m、面积较小的池壁，防水要求不高时，可以采用如图4-2、图4-3所示的设计。如果对水池的防水要求较高，一般采用砖墙，加二毡三油防水层（如图4-4所示）。因为砖比毛石外形规整，浆砌密实，容易达到防水效果，也可采用现代新型材料。

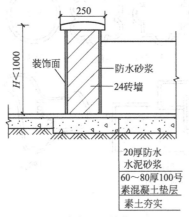

图 4-2 砖水池（单位：mm）

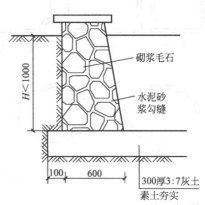

图 4-3 简易毛石水池（单位：mm）

池水的深度不同，水池对池壁的向外张力也不同。水池越深，对池壁的侧压力越大，池壁应越坚固。水池的防水处理也非常重要，无论使用哪种材料作池底和池壁，都需要精心设计，认真施工。砖墙或毛石作池壁时，其横向竖向的灰缝砂浆要饱满；混凝土浇灌紧密实在，但严防出现蜂窝，外面抹层更要压实抹光。根据水深、材料、自重以及防水要求等具体情况的不同，设计时应具体对待。

2. 钢筋混凝土池壁水池

钢筋混凝土结构的水池特点是自重轻，防渗漏性能好，同时还可以防止因各类因素所产生的变形而导致池底、池壁的裂缝。池底、池壁可以按构造使用一种直径为8～12mm的圆钢筋，间距为200～300mm、水池深壁为600～1000mm的钢筋混凝土。水池的构造厚度、配筋及防水处理可参考如图4-5、图4-6所示。

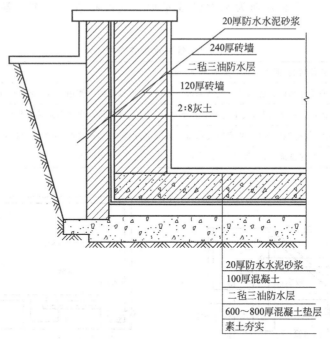

图 4-4 外包防水层水池（单位：mm）

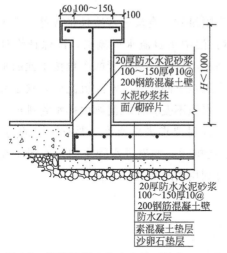

图 4-5 钢筋混凝土地上水池（单位：mm）

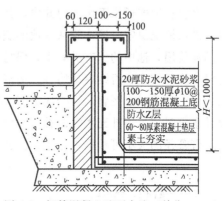

图 4-6 钢筋混凝土地下水池（单位：mm）

五、水池的管线安装设计

管线的布置设计，可以结合水池的平面图进行，标出给水管、排水管的位置，水上闸门井平面图要标出给水管位置及安装方式；如果是循环利用水，还要标明水泵及电机的位置。上水闸门井剖面图，不仅要标出井的基础及井壁的结构材料，而且应标明水泵电机的位置及进水管的高程。下水闸门井平面图反映泄水管、溢水管的平面位置；下水闸门井剖面图反映泄水管、溢水管的高程及井底部、壁、盖的结构和材料。

如图 4-7、图 4-8 所示分别为水池管线平面、立面布置示意图。各种水管的作用见表 4-2。

表 4-2　各种水管的作用

进水管	供给池中各种喷嘴、喷水或水池进水的管道
溢水管	保持池中的设计水位。在水池已经达到设计水位,而进水管继续使用时,多余的水由溢水管排出
泄水管	把水池中的水放回闸门井,或水池需要放干水时(清污、维修等),水从泄水管中排出
补充水管	为补充给水,保持池中水位,补充损失水量。如喷水过程中,水沫飘散、蒸发等,启用补充水管
回水龙头	在容易冻胀的北方地区,为保护水管,应放尽水管中的存水,用回水龙头

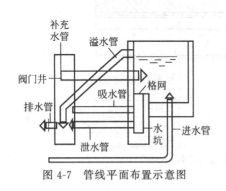

图 4-7　管线平面布置示意图

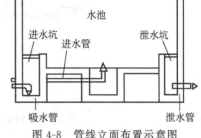

图 4-8　管线立面布置示意图

水池的进水管与水泵相接,进入水池中,有人工喷泉时,直接进入喷泉总管道。溢水管的高程与设计水位相一致。进水量超过设计水位时,池中水自溢水口流出,以保证设计水位。溢水管从池壁通往下水闸门井中,其在井中的高程应较高。溢水管的个数按水池的平面形状及进水情况决定。泄水管从水池的底部通出,进入水下闸门井。水经沉淀后,被水泵抽出,循环使用,池中的水有进有出,保持动态平衡,水质不变,而沉淀物由排水管排出。泄水管要求管径较大,否则容易堵塞,造成泄水不畅,同时要求进出两管口要有一定的高差。排水管可用瓦管或水泥管,管径应大于 800mm,以便排污。如果进水管中的进水量不能达到设计水位时,可用补充水管。补充水管可由附近可利用的水源通往水池。

水管管径的大小可根据水流量、流速等来确定。

$$D = \sqrt{4Q/\pi v}$$

式中　D——管径,mm;

　　　Q——流量,L/s;

　　　v——水流速度,m/s。

六、水池防止漏水、防冻的技术处理

(1) 采用防水砂浆和防水油抹灰的方法进行水池的防水处理　在水池壁及底的表面,抹 20mm 厚的防水水泥砂浆或用水泥砂浆和防水油分层涂抹(称五层防水油抹灰)做防水处理。防水水泥砂浆的比例为水泥:砂=1:3,并加入约 3% 水泥重的防水剂。当用上述方法处理并在砖砌体和混凝土及抹灰质量严格按操作规程施工时,一般能取得较好的防水效果,节约材料,节约工时。

(2) 采用防水混凝土进行水池的防水处理 在混凝土中加入适量的防水剂和掺合剂，在池底及池壁的表面抹 20mm 厚此类混凝土，能极大地提高水池的抗渗漏性。其中一种是以调整混凝土配合比的办法提高其自身密实度和抗渗性的级配防水混凝土，如矿渣水泥、火山灰水泥；另一种是在混凝土中掺入少量的加气剂松香酸钠或松香热聚物，在其中产生大量微小而均匀的气泡，以改变毛细管性质来提高混凝土的抗渗性能。在施工时必须严格按照有关技术规范和操作规程施工才能达到防水效果。

混凝土抵抗水渗透的能力以 6 个试件中 4 个出现渗水时的最大水压力表示，也可采用相对渗透系数表示。抗渗能力通常用抗渗等级 "P_n" 来表示，分别为 P_2、P_4、P_6、P_8、P_{10}、P_{12}，6 个等级，混凝土抗渗等级与相对渗透系数见表 4-3。n 代表在抗渗实验中混凝土试件所能抵抗的静水压力（kg/m^2）。例如，自来水厂的水池，水塔管道、渠道、井筒等混凝土的抗渗等级不应低于 P_4。混凝土的抗渗性能与材料、水灰比、振捣等有密切关系。

表 4-3 混凝土抗渗等级与相对渗透系数

抗渗等级	渗透系数
P_2	0.196×10^{-8}
P_4	0.78×10^{-8}
P_6	0.419×10^{-8}
P_8	0.261×10^{-8}
P_{10}	0.177×10^{-8}
P_{12}	0.129×10^{-8}

混凝土的水灰比不能过大，当水灰比大于 0.6 时，抗渗性会迅速下降。混凝土必须采用机械振捣，钢筋混凝土结构的水池，还应具备一定的抗冻性、抗腐蚀性、热工性（指热胀冷缩）等。

混凝土的抗渗性用相对渗透系数表示（用液压下混凝土渗水高度求得），其计算式为

$$P_R = \frac{mD_m^2}{2TH}$$

式中 P_R——相对渗透系数；

m——混凝土吸水率，一般为 0.03；

D_m——平均渗透高度，cm；

T——水压力，以水柱高度表示，cm；

H——恒压持续时间，h。

(3) 水压的防水处理方法 水池外包防水，一般采用油毡卷材防水层。方法是：在池底干燥的素混凝土垫层或水泥砂浆找平层上浇热沥青，随即铺一层油毡。油毡与油毡之间搭接 50mm，然后在第一层油毡上再浇热沥青，随即铺第二层油毡，最后再浇一道热沥青即成。

池壁垂直的墙壁，要想做得与底部一样比较困难，质量得不到保证。设计时，在防水层外面加一层单砖墙，并在水池外壁混凝土灌注之前，先将五层油毡防水层贴在单砖墙上，在抹池壁内壁混凝土时将油毡压紧。另外，现在新型的 SBS 等防水材料的应用，极大地提高了防水性能。

(4) 水池的防冻处理方法 在我国北方，冻土层较厚，加上冬季土壤中的水分不易蒸发，含水量相对较高。水在结冰时，体积增大。对于池壁在地下及半地下的水池来说，冻土

对池壁产生向池内的推力，这种推力上大下小，容易使垂直的池壁产生水平裂缝甚至断裂。

水池防冻处理法一种是在水池外侧填入排水性能较好的轻骨料，如矿渣、焦砟或级配砂石等，并解决好地面排水，排水坡度不小于3％。另一种是在池壁外增设防冻沟。这条沟既可以防止冻土与池壁接触，又可以排除地面雨水等，还可以用作水池排水，如图4-9所示。

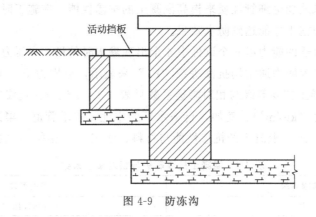

活动挡板

图4-9 防冻沟

七、水池的附属设施

（1）进水口 其作用是供给池中各种喷嘴、喷水或水池进水。

（2）溢水口 保持池中的设计水位，在水池已经达到设计水位而进水管仍继续使用时，多余的水由溢水口排出。此外，水池设置溢水口还能进行表面排污，保持水面清洁。大型水池仅设置一个溢水口不能满足要求时，可设若干个，但应均匀设置在水池内。溢水口的位置应不影响美观，且便于清除积污和疏通管道。溢流口应设格栅或格网，以防止较大漂浮物堵塞管道。

（3）泄水口 把水池中的水放回闸门井或水池需要放干时（清污、维修等），水从泄水口排出。水池应尽量采用重力泄水；也可利用水泵的吸水口兼作泄水口，利用水泵泄水。泄水口的入口应设格栅或格网。

（4）水池内的配置 大型水池工程的管道可布置在专用管沟或管廊内。一般水池工程的管道可直接敷设在水池内。为保证每个喷头的水压一致宜采用环状配管或对称配管，并尽量减小水头损失。

（5）管沟和管廊 大型水池工程由于管道较多，为便于维护检修，宜设专用管沟或管廊。管沟和管廊一般设在水池周围和水池与水泵房之间。在管道很多时，宜设半通行管沟和可通行管廊。管沟和管廊的地面应设有不小于0.5％的坡度，一般设坡向水泵或集水坑。集水坑内宜设水位信号计，以便及时发现管道的漏水。

（6）水泵房 指安装水泵等提水设备的常用构筑物。泵房的形式按照泵房与地面关系分为地上式泵房、地下式泵房和半地下式泵房三种。

（7）补水池或补水箱 其作用为补充给水，保持池中水位，维持水量平衡。如喷水过程中，水沫漂散、蒸发等，启用补水池（箱）。在水池与补水池（箱）之间用管道连通，使两者水位维持相同。

（8）回水龙头 在容易冻胀的北方地区，为保护水管，水池中的水使用后，利用回水龙头放尽水管中的存水。

八、水池的设计审核

水池的平面审核主要看所在环境、建筑和道路的线型特征和视线关系是否相协调统一；水池立面图纸主要反映朝向、各立面的高度变化和立面景观。

1. 水池平面设计审核

水池的平面轮廓要"随曲合方"，即体量与环境相称，轮廓与广场走向、建筑外轮廓取得呼应联系。审核时要考虑前景、框景和背景的因素，不论规则式、自然式还是综合式的水池，都要看造型是否简洁大方而又具有个性。水池平面的设计主要应显示其平面位置和尺度；与此同时，还要注意池底、池壁顶、进水口、溢水口和泄水口、种植池的高程和所取剖面的位置，以及设循环水处理的水池要注明循环线路及设施要求。

2. 水池立面设计审核

水池池壁顶与周围地面要有适宜的高程关系，既可高于路面，也可以持平或低于路面作成沉床水池。一般所见水池的通病是池壁太高而看不到多少池水。池边若允许游人接触，则应考虑坐在池边观赏水池的需要。池壁顶可做成平顶、拱顶和挑伸、倾斜等多种形式。水池与地面相接部分可以是凹入的变化；剖面应有足够的代表性，要反映从地基到壁顶各层材料的厚度。

第二节 水池的施工

一、刚性材料水池施工

刚性材料水池一般施工工艺如下。

1. 施工准备

（1）混凝土配料

① 基础与池底：水泥 1 份，细砂 2 份，粒料 4 份，所配的混凝土强度为 C18。

② 池底与池壁：水泥 1 份，细砂 2 份，0.6～2.5cm 粒料 3 份，所配的混凝土强度为 C13。

③ 防水层：防水剂 3 份或其他防水卷材。

④ 池底、池壁必须采用 42.5 级以上普通硅酸盐水泥，水灰比≤0.55，粒料直径不得大于 40mm，吸水率不大于 1.5%，混凝土抹灰和砌砖抹灰用 32.5 级水泥或 42.5 级水泥。

（2）添加剂 混凝土中有时需要加入适量添加剂，常见的有 U 形混凝土膨胀剂、氯化钙促凝剂、加气剂、缓凝剂、着色剂等。

（3）放样 按设计图纸要求放出水池的位置、平面尺寸、池底标高定桩位。

2. 基坑开挖

一般可采用人工开挖，如水面较大也可采用机挖；为确保池底基土不受扰动破坏，机挖必须保留 200mm 厚度，由人工修整。需设置水生植物种植槽的，在放样时应明确，以防超挖而造成浪费；种植槽深度应视种植的水生植物特性确定。

池基挖方会遇到排水问题，工程中常见基坑排水，这是既经济又简易的排水方法。此法是沿池基边挖成临时性排水沟，并每隔一定距离在池基外侧设置集水井，再通过人工或机械抽水排走，以保证施工顺利进行。

3. 池底、壁结构施工

按设计要求，用钢筋混凝土作结构主体的，必须先支模板，然后扎池底、壁钢筋；两层钢筋间需采用专用钢筋撑脚支撑，已完成的钢筋严禁踩踏或堆压重物。

浇捣混凝土需先底板、后池壁。如基底土质不均匀，为防止不均匀沉降造成水池开裂，可采用橡胶止水带分段浇捣；如水池面积过大，可能造成混凝土收缩裂缝的，则可采用后浇带法解决。

施工缝采用 3mm 厚钢板止水带，留设在底板上口 300mm 处，如图 4-10 所示。施工前先凿去缝内混凝土浮浆及杂物并用水冲洗干净。混凝土浇捣时，应加强接缝处的振捣，使新旧混凝土结合充分密实。

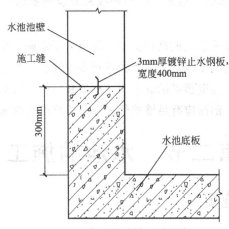

水池池壁

施工缝

3mm厚镀锌止水钢板，
宽度400mm

300mm

水池底板

图 4-10　水池池壁施工缝的留置

如要采用砖、石作为水池结构主体的，必须采用 M75～M10 水泥砂浆砌筑底，灌浆饱满密实，在炎热天要及时洒水养护砌筑体。

4. 池壁抹灰

① 内壁抹灰前 2d 应将墙面扫清，用水洗刷干净，并用铁皮将所有灰缝刮一下，要求凹进 1～1.5cm。

② 应采用 42.5 级普通硅酸盐水泥配制水泥砂浆，配合比为 1：2，必须称量准确，可掺适量防水粉，搅拌均匀。

③ 在抹第一层底层砂浆时，应用铁板用力将砂浆挤入砖缝内，增加砂浆与砖壁的黏结力。底层灰不宜太厚，一般在 5～10mm。第二层将墙面找平，厚度为 5～12mm。第三层为面层，进行压光，厚度为 2～3mm。

④ 砖壁与钢筋混凝土底板结合处，要特别注意操作，加强转角抹灰的厚度，使其呈圆角，以免渗漏。

⑤ 外壁抹灰可采用 1：3 水泥砂浆，并用一般操作做法。

5. 水池粉刷

为保证水池防水可靠，在作装饰前，首先应做好蓄水试验，在灌满水 24h 后未有明显水位下降后，即可对池底、壁结构层采用防水砂浆粉刷，粉刷前要将池水放干清洗，不得有积水、污渍，粉刷层应密实牢固，不得出现空鼓现象。刚性材料水池的做法，如图 4-11～图 4-13 所示。

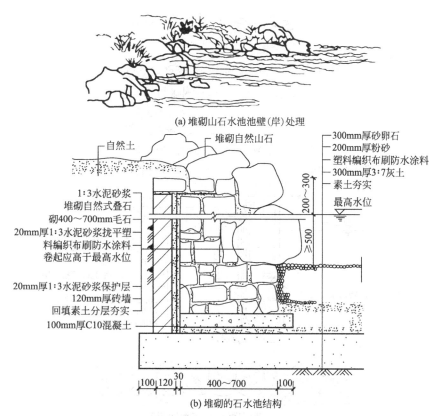

(a) 堆砌山石水池池壁(岸)处理

图 4-11　刚性材料水池做法（一）（单位：mm）

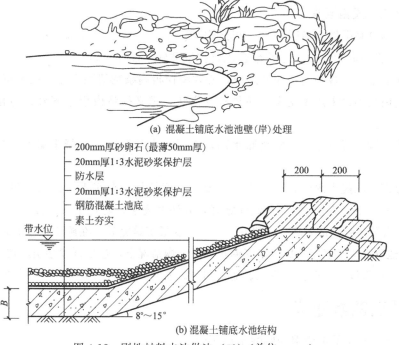

(a) 混凝土铺底水池池壁(岸)处理

(b) 混凝土铺底水池结构

图 4-12　刚性材料水池做法（二）（单位：mm）

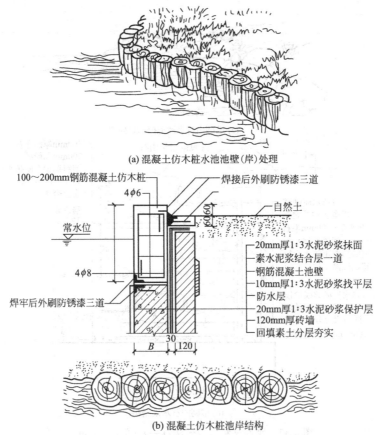

(a) 混凝土仿木桩水池池壁(岸)处理

图 4-13　刚性材料水池做法（三）（单位：mm）

6. 工程施工质量要求

① 砖壁砌筑必须做到横圆竖直，灰浆饱满。不得留踏步式或马牙槎。砖的强度等级不低于 MU10，砌筑时要挑选，砂浆配合比要称量准确，搅拌均匀。

② 钢筋混凝土壁板和壁槽灌缝之前，必须将模板内杂物清除干净，用水将模板湿润。

③ 池壁模板不论采用无支撑法还是有支撑法，都必须将模板紧固好，防止混凝土浇筑时模板发生变形。

④ 防渗混凝土可掺用素磺酸钙减水剂，掺用减水剂配制的混凝土耐油、抗渗性好，而且节约水泥。

⑤ 矩形钢筋混凝土水池，由于工艺需要，长度较长，在底板、池壁上设有伸缩缝。施工中必须将止水钢板或止水胶皮正确固定好，并注意浇灌，防止止水钢板、止水胶皮移位。

⑥ 水池混凝土强度的好坏，关键在于养护。底板浇筑完后，在施工池壁时，应注意养护，保持湿润。池壁混凝土浇筑完后，在气温较高或干燥情况下，过早拆模会引起混凝土收缩产生裂缝。因此，应继续浇水养护，底板、池壁和池壁灌缝的混凝土的养护期应不少于 14d。

二、柔性材料水池施工

（1）放样、开挖基坑要求与刚性水池相同。

（2）池底基层施工。在地基土条件极差（如淤泥层很深，难以全部清除）的条件下，才有必要考虑采用刚性水池基层的做法。

不做刚性基层时，可将原土夯实整平，然后在原土上回填 300～500mm 的黏性黄土压实，即可在其上铺设柔性防水材料。

（3）水池柔性材料的铺设。铺设时应从最低标高开始向高标高位置铺设；在基层面应先按照卷材宽度及搭接长度要求弹线，然后逐幅分割铺贴，搭接也要用专用胶黏剂满涂后压紧，防止出现毛细缝。卷材底空气必须排出，最后在每个搭接边再用专用自粘式封口条封闭。一般搭接边短边不得小于 80mm，长边不得小于 150mm。

如果采用膨润土复合防水垫，铺设方法和一般卷材类似，但卷材搭接处需满足搭接 200mm 以上，且搭接处按 0.4kg/m 铺设膨润土粉压边，防止渗漏。

柔性水池完成后，为保护卷材不受冲刷破坏，一般需在面上铺压卵石或粗砂做保护。柔性材料水池的结构，如图 4-14～图 4-16 所示。

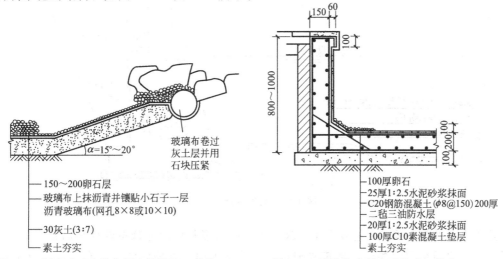

图 4-14　沥青玻璃布防水层水池构造（单位：mm）　　图 4-15　油毡防水层水池构造（单位：mm）

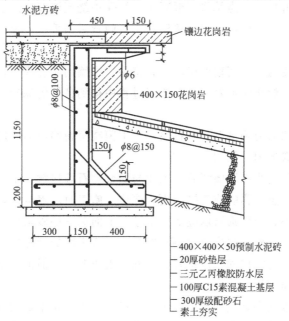

图 4-16　三元乙丙相交防水层水池结构（单位：mm）

第三节　水池防渗

水池防渗一般包括池底防渗和岸墙防渗两部分。池底由于不外露，又低于水平面，一般采用铺防水材料上覆土或混凝土的方法进行防渗，而池岸处于立面，又有一部分露出水面，要兼顾美观，因此岸墙防渗较之池底防渗要复杂些。

一、水池常用防渗方法

（1）新建重力式浆砌石墙，土工膜绕至墙背后的防渗方法。如图 4-17 所示。

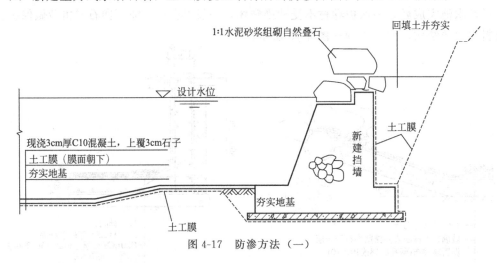

图 4-17　防渗方法（一）

这种方法的施工要点是将复合土工膜铺入浆砌石墙基槽内并预留好绕至墙背后的部分，然后在其上浇筑垫层混凝土，砌筑浆砌石墙。若土工膜在基槽内的部分有接头，应做好焊接，并检验合格后方可在其上浇筑垫层混凝土。为保护绕至墙背后的土工膜，应将浆砌石墙背后抹一层砂浆，形成光滑面与土工膜接触，土工膜背后回填土。土工膜应留有余量，不可太紧。

这种防渗方法主要适用于新建的岸墙。它将整个岸墙用防渗膜保护，伸缩缝位置不需经过特殊处理，若土工膜焊接质量好，且在施工过程中得到良好的保护，这种岸墙防渗方法效果相当不错。

（2）在原浆砌石挡墙内侧再砌浆砌石墙，土工膜绕至新墙与旧墙之间的防渗方法。这种方法适用于旧岸墙防渗加固。如图 4-18 所示。

在这种方法中，新建浆砌石墙背后土工膜与旧浆砌石墙接触，土工膜在新旧浆砌石墙之间，与前述方法相比，土工膜的施工措施更为严格。施工时应着重采取措施保护土工膜，以免被新旧浆砌石墙破坏。旧浆砌石墙应清理干净，上面抹一层砂浆形成光面，然后贴上土工膜。新墙应逐层砌筑，每砌一层应及时将新墙与土工膜之间的缝隙填上砂浆，以免石块扎破土工膜。此方法在池岸防渗加固中造价要低于混凝土防渗墙，但由于浆砌石墙宽度较混凝土墙大，因此会侵占池面面积。

以上介绍的两种方法都是应用土工膜进行防渗，土工膜是主要的防渗材料，因此保证土工膜的质量是采用这两种方法防渗效果好坏的关键。而保证土工膜的质量除严把原材料质量

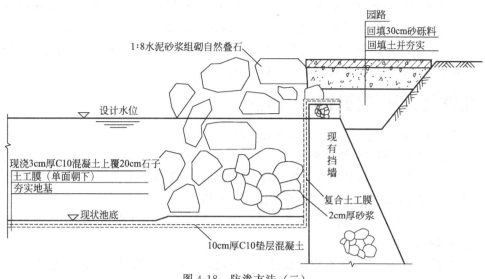

图 4-18 防渗方法（二）

关、杜绝不合格产品外，保证土工膜的焊接质量是一个非常重要的因素。焊接部位是整个土工膜的薄弱环节，焊接质量直接影响着土工膜的防渗效果。

（3）做混凝土防渗墙上砌料石的方法进行防渗。适用于原有浆砌石岸墙的旧池区改造。如图 4-19 所示。

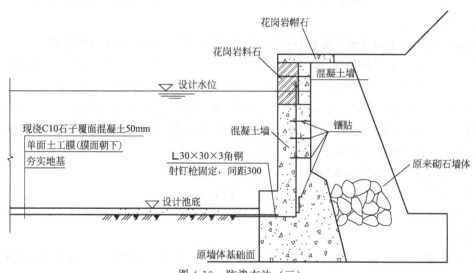

图 4-19 防渗方法（三）

将原浆砌石岸墙勾缝剔掉，清理，在其内侧浇筑 30cm 厚抗冻抗渗强度等级的混凝土，在水面以上外露部分砌花岗岩料石，以保证美观。这种岸墙防渗方法最薄弱的部位是伸缩缝处。在伸缩缝处应设止水带，止水带上部应高于设计常水位，下部与池底防渗材料固定连接，以保证无渗漏通道。

这种方法主要用于旧池区的防渗加固，较之浆砌石墙后浇土工膜的方法，这种方法可以减少占用的池区面积，保证防渗加固后池区的蓄水能力和水面面积不会大量减少。

这种方法的防渗材料其实就是混凝土，混凝土的质量好坏直接影响着该方法的防渗效果。因此，在施工中一定要采取多种措施来保证混凝土的质量。另外，料石也有一部分处于设计水位以下，其质量不但影响着美观，在一定程度上也影响着防渗效果。因此，保证料石的砌筑质量也是保证岸墙防渗效果的一个重要方面。

二、防渗处理质量应注意的问题

（1）保证土工膜焊接质量应注意以下几个问题。

① 施工前应注意调节焊膜机至最佳工作状态，保证焊接过程中不出现故障而影响焊接效果，在施工过程中还应注意随时调整和控制焊膜机工作温度、速度。

② 将要焊接部位的土工膜清理干净，保证无污垢。

③ 出现虚焊、漏焊时必须切开焊缝，使用热熔挤压机对切开损伤部位用大于破损直径一倍以上的母材补焊。

④ 土工膜焊接后，应及时对焊接质量进行检测，检测方法采用气压式检测仪。经过10d的现场实测，湖水位一昼夜平均下降12mm。

（2）保证混凝土的质量应注意以下问题。

① 混凝土入仓前应检查混凝土的和易性，和易性不好的混凝土不得入仓。混凝土入仓时，应避免骨料集中，设专人平仓，摊开、布匀。

② 基础和墙体混凝土浇筑时，高程控制应严格掌握，由专人负责挂线找平。

③ 对于斜支模板，支模时把钢筋龙骨与地脚插筋每隔2m点焊一道，防止模板在混凝土浇筑过程中上升。

④ 支模前用腻子刀和砂纸对模板进行仔细清理，不干净的模板不允许使用。

⑤ 混凝土入仓前把模板缝，尤其是弯道处的模板立缝堵严，防止漏浆。入仓前用清水润湿基础混凝土面，并摊铺2cm厚砂浆堵缝。砂浆要用混凝土原浆。混凝土平仓后及时振捣。振捣由专人负责，明确责任段，严格保证振捣质量。混凝土振捣间距应为影响半径的1/2，即30型振捣棒振捣间距为15cm，50型振捣棒振捣间距为25cm，避免漏振和过振。振捣时应注意紧送缓提，避免过快提振捣棒。

⑥ 模板的加固应使用勾头螺栓，不得用铅丝代替。

（3）保证料石的砌筑质量应注意以下几个方面。

① 墙身砌筑前，混凝土墙顶表面清理干净，凿毛并洒水润湿，经验收合格后，进行墙身料石砌筑。

② 料石砌筑每10m一个仓，每仓两端按设计高程挂线控制高程。仓与仓间设油板，外抹沥青砂浆。平缝与立缝均设宽2cm，深2cm。料石要压缝砌筑，但缝隙错开，缝宽、缝深符合设计要求；要求砂浆饱满，石与石咬砌，不出现通缝，保证墙身平顺。

③ 料石后旧岸墙与料石间的缝隙必须浇筑抗冻抗渗混凝土，以防止料石后的渗漏。混凝土浇筑前应将旧岸墙表面破损的砂浆勾缝剔除，将旧墙表面清理干净，局部旧浆砌石岸墙损坏较严重处应拆除重新砌筑后再砌筑料石、浇筑混凝土。

④ 在伸缩缝处，应保证止水带位置，若料石与止水带位置冲突，可将料石背后凿去一块，保证止水带不弯曲、移位，浇筑混凝土时应特别注意将止水带部位振捣密实。

第四节　水池的给排水系统、质量要求与试水、防冻

一、水池的给排水系统

1. 水池给水系统

园林给排水工程以室外配置完善的灌区系统进行排水为主，包括园林景观内部生活用水与排水系统、水景工程给排水系统、景区灌溉系统、生活污水系统和雨水排放系统等。同时还应包括景区的水体、堤坝、水闸等附属项目。

水池的给排水系统主要有直流给水系统、陆上水泵循环给水系统、潜水泵循环给水系统和盘式水井循环给水系统等四种形式。

（1）直流给水系统　直流给水系统如图 4-20 所示。该系统将喷头直接与给水管网连接，喷头喷射一次后即将水排至下水道。这种系统构造简单、维护简单且造价低，但耗水量较大。直流给水系统常与假山、盆景配合，作小型喷泉、瀑布、孔流等，适合在小型庭院、大厅内设置。

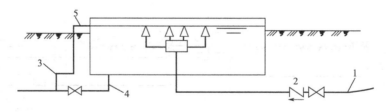

图 4-20　直流给水系统

1—给水管；2—止回隔断阀；3—排水管；4—泄水管；5—溢流管

（2）陆上水泵循环给水系统　陆上水泵循环给水系统如图 4-21 所示。该系统设有储水池、循环水泵房和循环管道，喷头喷射后的水多次循环使用，具有耗水量少、运行费用低的优点。但系统较复杂，占地较多，管材用量较大，投资费用高，维护管理麻烦。此种系统适合各种规模和形式的水景，一般用于较开阔的场所。

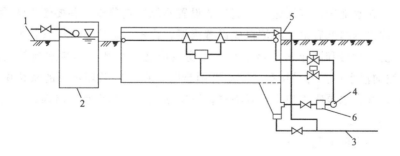

图 4-21　陆上水泵循环给水系统

1—给水管；2—补给水井；3—排水管；4—循环水泵；5—溢流管；6—过滤器

（3）潜水泵循环给水系统　潜水泵循环给水系统如图 4-22 所示。该系统设有储水池，

将成组喷头和潜水泵直接放在水池内作循环使用。这种系统具有占地少、投资低、维护管理简单、耗水量少的优点，但是水姿花形控制调节较困难。潜水泵循环给水系统适用于各种形式的中型或小型喷泉、水塔、涌泉、水膜等。

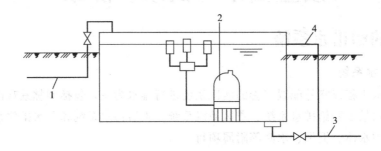

图 4-22　潜水泵循环给水系统

1—给水管；2—潜水泵；3—排水管；4—溢流管

（4）盘式水井循环给水系统　盘式水景循环给水系统如图 4-23 所示。该系统设有集水盘、集水井和水泵房。盘内铺砌踏石构成甬路。喷头设在石隙间，适当隐蔽。人们可在喷泉间穿行，满足人们的亲水感、增添欢乐气氛。该系统不设贮水池，给水均循环利用，耗水量少，运行费用低，但存在循环水易被污染、维护管理较麻烦的缺点。

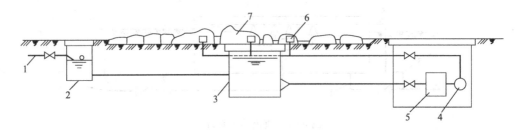

图 4-23　盘式水景循环给水系统

1—给水管；2—补给水井；3—集水井；4—循环泵；5—过滤器；6—喷头；7—踏石

2. 水池排水系统

为维持水池水位和进行表面排污，保持水面清洁，水池应设排水系统即溢流口。常用的溢流形式有堰口式、漏斗式、管口式和连通管式等，如图 4-24 所示。大型水池宜设多个溢流口，均匀布置在水池中间或周边。溢流口的设置不能影响美观，并要便于清除积污和疏通管道，为防止漂浮物堵塞管道，溢流口要设置格栅，格栅间隙应不大于管径的 1/4。

为便于清洗、检修和防止水池停用时水质腐败或池水结冰，影响水池结构，池底应有1%的坡度，坡向泄水口。若采用重力泄水有困难时，在设置循环水泵的系统中，也可利用循环水泵泄水，并在水泵吸水口上设置格栅，以防水泵装置和吸水管堵塞，一般栅条间隙不大于管道直径的 1/4。

水池护理要注意的问题如下。

① 要定期检查水池各种出水口情况，包括格栅、阀门等；

② 要定期打捞水中漂浮物，并注意清淤；

③ 要注意半年至一年对水池进行一次全面清扫和消毒（漂白粉或 5% 高锰酸钾）；

④ 要做好冬季水池池水的管理，避免冬季池水结冰而冻裂池体；

⑤ 要做好池中水生植物的养护，主要是及时清除枯叶，检查池中植物土壤，并注意施肥，更换植物品种等。

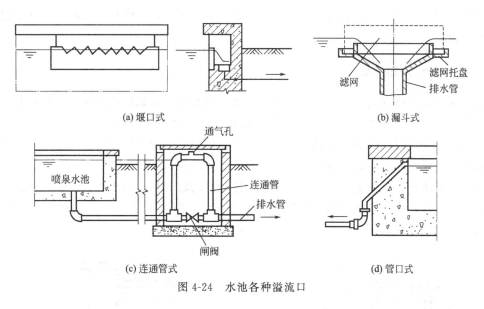

(a) 堰口式　　　　　　　　　　　　(b) 漏斗式

(c) 连通管式　　　　　　　　　　　(d) 管口式

图 4-24　水池各种溢流口

二、工程质量与试水

工程质量要求是水池施工的重要一环，所以必须严格按照要求施工。试水工作应在全部施工完成后进行。试水主要的是检验结构安全度，检查施工质量。

1. 工程质量要求

工程质量要求如下。

① 砖壁砌筑必须做到横圆竖直，灰浆饱满。不得留踏步式或马牙搓。砖的强度等级不低于 MU10，砌筑时要挑选，砂浆配合比要称量准确，搅拌均匀。

② 钢筋强凝土壁板和壁槽灌缝之前，必须将模板内杂物清除干净，用水将模板湿润。

③ 池壁模板不论采用无支撑法还是有支撑法，都必须将模板紧固好，防止混凝土浇筑时，模板发生变形。

④ 防渗混凝土可掺用木质素磺酸钙减水剂，掺用减水剂，掺用减水剂配制的混凝土，耐油、抗渗性好，而且节约水泥。

⑤ 矩形钢筋混凝土水池，由于工艺需要，长度较大，在底板、池壁上设有伸缩缝。施工中必须将止水钢板或止水胶皮正确固定好，并注意浇灌，防止止水钢板、止水胶皮移位。

⑥ 水池混凝土强度的好坏，是养护时重要的一个环节。底板浇筑完后，在施工池壁时，应注意养护，保持湿润。池壁混凝土浇筑完后，在气温较高或干燥的情况下，过早拆模会引起混凝土收缩产生裂缝。因此，应继续浇水养护，底板、池壁和池壁灌缝的混凝土的养护期应不少于 14d。

2. 试水

试水时应先封闭管道孔，由池顶放入水池，一般分几次进水，根据具体情况，控制每次进水高度。从四周上下进行外观检查，做好记录，如无特殊情况，可继续灌水到储水设计标高。同时要做好沉降观察。灌水到设计标高后，停 1d，进行外观检查，并做好水面高度标记，连续观察 7d，外表面无渗漏及水位无明显降落方为合格。

水池施工中还涉及许多其他工种与分项工程，如假山工程、给排水工程、电气工程、设备安装工程等。

三、室外水池防冻

我国北方地区冰冻期较长，对于室外园林地下水池的防冻处理，就显得十分重要。若为小型水池，一般是将池水排空，这样池壁受力状态是：池壁顶部为自由端，池壁底部铰接（如砖墙池壁）或固接（如钢筋混凝土池壁）。空水池壁外侧受土层冻胀影响，池壁承受较大的冻胀推力，严重时会造成水池池壁产生水平裂缝或断裂。

冬季池壁防冻，可在池壁外侧采用排水性能较好的轻骨料，如矿渣、焦砟或砂石等，并应解决地面排水，使池壁外回填土不发生冻胀情况，如图 4-25 所示，池底花管可解决池壁外积水（沿纵向将积水排除）。

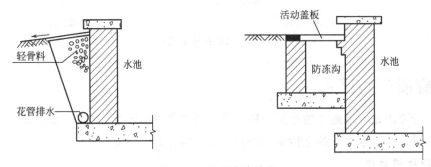

图 4-25　池壁防冻措施

在冬季，大型水池为了防止冻胀推裂池壁，可采取冬季池水不撤空，池中水面与池外地坪持平，使池水对池壁压力与冻胀推力相抵消。因此，为了防止池面结冰，胀裂池壁，在寒冬季节，应将池边冰层破开，使池子四周为不结冰的水面。

第五章

瀑布、跌水设计与施工

第一节　瀑布概述

一、瀑布的组成

瀑布是所有园林设计方案中最富吸引力的，其山与水的结合使其形、声、色不同组合变化，形成千姿百态的瀑布美景。一般来讲，瀑布由背景、上游水源（蓄水池）、瀑布口、瀑身、潭、观景点、下游排水和伴生环境等组成。

（1）背景　高耸的群山为瀑布提供了丰富的水源，与瀑布一起形成了深远、宏伟、壮丽的画面。

（2）瀑布上游河流　瀑布上游河流是瀑布水的来源。

（3）瀑布口　指瀑布的出水口，它的形状直接影响瀑身的形态和景观的效果。如出水口平直，则跌落下来的水形亦较平板，而较少动感。如出水口平面形式曲折，有进有退的变化，出水口立面又高低不平，则跌落下来的水就会有薄有厚、有宽有窄，这对活跃瀑身水的造型就会有一个好的开始。

（4）瀑身　从出水口开始到坠入潭中止，这一段的水是瀑身，是人们欣赏瀑布的所在。

（5）潭　由于长期水力冲刷，在瀑布的下方形成较深盛水的大水坑称潭。

（6）下游河流　下游河流是瀑布水流去的通道。

根据岩石的种类、地貌特征，上游水量和环境空间的性格等决定瀑布的气质，或轻盈飘舞、或万雷齐鸣、或万马奔腾、或江海倒悬。瀑布的水造型除受出水口形状的影响外，很重要的是瀑身所依附的山体的造型所决定的。

所以瀑布的造型设计，实际上是根据瀑布水造型的要求进行山体的造型设计。如黄果树瀑布的水可以分为四股，它们大小不一，薄厚各异，缓急不同，各自以不同形态飞泻而下，第一股水流较小，下落后遇突出的岩体，将其分散撒开，水形优美；第二股水出水口平直，岩体向后进，因此水势大，水体上下等宽，气势磅礴；第三股出水口宽，但水量不大，水形上大向下渐小，水姿雄奇；第四股出水口小并向后凹入，岩体下部向前展开，因此水形上窄下宽，水造型轻盈潇洒。这四股水又融为一体，形成十分壮观的水造型，成为世界级的名瀑。所以人们赞美它秋瀑似云倾水崩、江海倒悬、浪花万朵、水烟弥漫，泉若发怒脱缰的野马；冬瀑像舒袖曼舞的风姑娘，婀娜多姿、轻盈飘洒。

瀑布落水的基本形态是由山体决定的（如图5-1所示）。

二、瀑布的分类

瀑布的形式比较多，其种类的划分如下（如图5-2所示）。

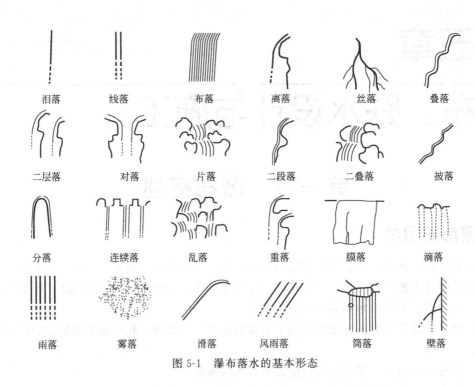

图 5-1　瀑布落水的基本形态

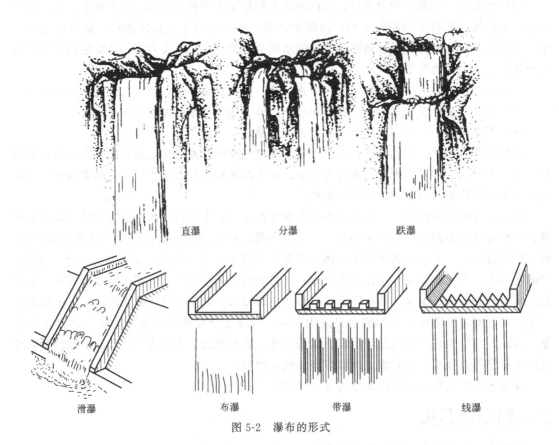

图 5-2　瀑布的形式

1. 按瀑布跌落方式分

按瀑布跌落方式分，有直瀑、分瀑、跌瀑和滑瀑 4 种。

(1) 直瀑 直瀑，即直落瀑布。这种瀑布的水流是不间断地从高处直接落入其下的池、潭水面或石面。如果落在石面，就会产生飞溅的水花并四散洒落。直瀑的落水能够造成喧哗声响，可为园林环境增添动态水声。

(2) 分瀑 水流在瀑布口遇到障碍物被分隔开来，分股落下，其形式被称为分瀑。分瀑的落水声响较小，有幽谷飞瀑的意境。

(3) 跌瀑 跌瀑，也称跌落瀑布，是由很高的瀑布分为几跌，一跌一跌地向下落。跌瀑适宜布置在比较高的陡坡坡地，其水形变化较直瀑、分瀑都大一些，水景效果的变化也多一些，但水声要稍弱一点。

(4) 滑瀑 滑瀑就是滑落瀑布。水流不是从瀑布口直流而下，而是顺着倾斜坡面滑落称为滑瀑。若倾斜坡面光滑，滑瀑就如一层透明薄纸，阳光下光影闪烁，给人湿润感；若倾斜坡面是凹凸不平的表面，水层滑落过程中会不断激起浪花，阳光下如银珠满坡。如利用图案制作倾斜坡面，滑瀑所激起的水花会形成排列有规律的图形纹样。

2. 按瀑布口的设计形式分

按瀑布口的设计形式来分，瀑布有布瀑、带瀑和线瀑 3 种。

(1) 布瀑 瀑布的水像一片又宽又平的布一样飞落而下。瀑布口的形状设计为一条水平直线。

(2) 带瀑 瀑布口呈宽齿状，排列成一直线，齿间距相等，瀑布口落下的水流组成一排水带整齐地飘然而下。

(3) 线瀑 排线状的瀑布水流如同垂落的丝帘，这是线瀑的水景特色。线瀑的瀑布口形状设计为尖齿状。尖齿排列成一直线，齿间的小水口呈尖底状。从一排尖底状小水口上落下的水，即呈细线形。随着瀑布水量增大，水线也会相应变粗。

三、瀑布的构造

由于瀑布形式多种多样，因此其构造方式也有很多种类。但无论是哪一种瀑布，都是由水源及其动力设备、瀑布口、瀑布支座或支架、承水池潭、排水设施等几部分组成的。瀑布与瀑布口的构造形式，如图 5-3 所示。

四、瀑布的布置要点

(1) 必须有足够的水源。利用天然地形水位差，疏通水源，创造瀑布水景；或接通城市供水管网用水泵循环供水来满足。

(2) 瀑布的位置和造型应结合瀑布的形式、周边环境、创造意境及气氛综合考虑，选好适宜的视距。

(3) 为保证瀑布布身效果，要求瀑布口平滑，可采用青铜或不锈钢制作。此外，增加缓冲池的水深，另在出水管处加挡水板，以降低流速。

(4) 水潭宽度应大于瀑布高度的 2/3，以防水花四溅。

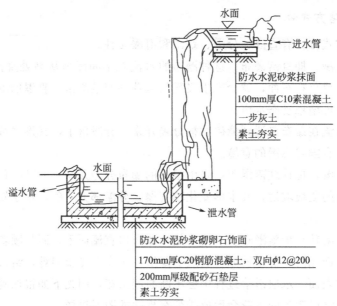

图 5-3 瀑布与瀑布口的构造形式

五、瀑布的设计要素

1. 水量

景观瀑布的形式与其上游水源的水量有着密切的关系，瀑布水量应满足景观瀑布的方案设计要求。供水量在 $1m^3/s$ 左右时，瀑身可形成重落、离落、布落等形式；供水量在 $0.1m^3/s$ 左右时，瀑身可形成丝落、线落等形式。

2. 水泵的选择

（1）流量的选择 首先，根据前面提到的瀑布用水量估算表计算流量，再根据《建筑给水排水设计规范》（GB 50015—2003）第 3.11.9 条计算设计循环流量。即：

$$Q_s = 1.2Q_c$$

式中 Q_s——景观瀑布的设计循环流量，m^3/h；

Q_c——景观瀑布的估算流量，m^3/h。

（2）扬程的选择 当加压设备置于承瀑潭（或下游溪流末端）时，景观瀑布的设计扬程为出水管口的出流水头、供水管路的总水头损失及出水管口距离承瀑潭潭底（或下游溪流末端）的高差之和。即

$$H = H_头 + \sum h + \Delta H$$

式中 H——景观瀑布的设计扬程，m；

$H_头$——景观瀑布出水管 E_1 的出流水头，m；

$\sum h$——供水管路的总水头损失，m；

ΔH——出水管口距离承瀑潭潭底（或下游溪流末端）的高差之和，m。

3. 落水口（堰口）

落水口应模仿自然，并以树木、岩石等加以隐蔽或装饰，使其表现出生动自然的水态。落水口的做法在一定程度上影响着瀑身形态。在水源水量不变的情况下，采用以下办法可加

大瀑身的平滑完整性，形成较规则的连续瀑布。

①　直接用青铜或不锈钢等制成堰唇，使其平整光滑

②　在落水口的抹灰面上包覆不锈钢板、铝合金板或复合钢板等光滑材料，并在板材的接缝处仔细打平、上胶至光滑无纹。

③　适当增加堰顶蓄水池深度。

④　堰顶蓄水池采用多孔管供水，使水流尽量均匀

⑤　在堰顶蓄水池的出水管口处设置挡水板，以降低流速。根据经验，一般水流速度在 0.90～1.20m/s 为宜，可消除紊流。

4. 承瀑潭

承瀑潭是收集瀑布落水、防止水流泼溅的重要构筑物。若设计不当，会造成水量过大损失并影响观景。为防止此类情况的发生，承瀑潭的宽度至少应是瀑身高度的 2/3。如潭底安装照明设备，其基本水深应在 30mm 左右。作为人工承瀑潭，它还应具有以下几个方面的内容。

（1）补水　景观瀑布的水量损失包括风吹损失、蒸发损失、溢流排污损失、渗漏损失等。根据经验，一般补水量为循环流量的 1.0%～2.5%，补水时间按 12h、48h 计算。补水水质按《生活饮用水卫生标准》（GB 5749—2006）的感官性状指标确定。这里值得注意的是，当利用自来水作为补水水源时，补水口必须设有防止回流污染的措施，如设置倒流防止器等。

（2）溢水　为稳定水位和实现水面排污，承瀑潭需要设置溢水口。溢水口的形式可采用溢水沟槽、溢水堰、溢水斗等。

（3）泄水　为排空维修、池底清淤及冬季维护，承瀑潭需要设置泄水口。应尽量采用重力泄水方式。不能采用重力泄水时，可考虑设置专用排水泵或利用供水泵来强制排水。

（4）管材及管件　目前，景观瀑布供水管最常用的管材为给水塑料管（如 PE 管、PP-R 管、UPVC 管等）。景观瀑布溢水管、泄水管最常用的管材为排水塑料管（如 UPVC 管、HDPE 双壁波纹管等）。它们具有质轻、水流阻力小、机械强度大、水密性能好、化学性能稳定、耐土壤化学物质的侵蚀、搬运便利、连接方便等特点。

第二节　瀑布设计

一、瀑布用水量的估算

瀑布落水口的水流量是瀑布景观设计的关键，同一瀑布如果瀑身的水量不同就会营造出不同的气势。瀑布的用水量设计可参考表 5-1。

表 5-1　瀑布用水量设计

瀑布落水/m	堰顶水膜厚度/m	用水量/（m³/min）
0.3	0.006	0.18
0.9	0.009	0.24
1.5	0.013	0.30
2.1	0.016	0.36

续表

瀑布落水/m	堰顶水膜厚度/m	用水量/(m³/min)
3.0	0.019	0.42
4.5	0.022	0.48
7.5	0.025	0.60
>7.5	0.032	0.72

瀑布用水量估算公式：

$$Q = K \times B \times H^{\frac{3}{2}}$$

$$K = 107.1 + \left(\frac{0.177}{H} + \frac{14.22}{D} \times H \right)$$

式中　K——系数；

　　　Q——用水量，m³/min；

　　　B——全堰幅（宽），m；

　　　H——堰顶水膜厚度，m；

　　　D——贮水槽深，m。

常见的瀑布堰口材料多为混凝土或天然石材，但是这些材料有一个缺点是很难把堰口做得平整、光滑，而造成塑造瀑布时影响景观的质量。因此，用不锈钢制成堰唇，保证瀑布的水膜平整、光滑。增加蓄水池的水深，来形成壮观的瀑布。将流速控制在 0.9～1.2m/s 为宜，防止形成素流。

想让瀑布表现出多姿多样的形态，关键在于瀑身的设计。瀑布的落水形式十分丰富，设计时应根据意境、周围环境的不同，选择合适的落水形式以确定瀑布的基本类型。同时需要注意的是，瀑布的落水景观效果与视点的距离有密切的关系。

自然界中的瀑布往往能形成一个水潭。在人工设计的瀑布中表现为受水池。受水池的宽带设计时应不小于瀑布高度的 2/3。

二、瀑布供水及排水系统的设计

在假山设计或整形的设计中要有上行的给水管道和下行的清污管道，进水管径的大小、数量及水泵的规格，可根据瀑布的流量来确定。

（1）循环水泵　人造瀑布的水量必须循环使用，循环水泵常用潜水泵直接隐蔽安装在承瀑潭中。潜水泵的流量与扬程须经水力计算，满足瀑布流量与跌落高差的需要。

（2）循环管道系统　循环管道系统包括输水管道与穿孔管。穿孔管隐蔽铺设在水源蓄水池内，穿孔管的长度等于堰口的宽度。

（3）净水设备　瀑布在循环使用过程中，受灯光或日光照射、大气降尘、地面杂质、底衬材料等的污染，污染物主要是藻类、无机悬浮物及细菌等，需定期作净化处理与消毒。

三、瀑布的营建

1. 顶部蓄水池的设计

蓄水池的容积要根据瀑布的流量来确定，要形成较壮观的景象，就要求其容积大；相反，如果要求瀑布薄如轻纱，就没有必要太深、太大。如图 5-4 所示为蓄水池结构。

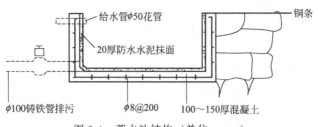

图 5-4　蓄水池结构（单位：mm）

2. 堰口处理

所谓堰口就是使瀑布的水流改变方向的山石部位。落水堰口可以建成沟槽形、孔口出流形、折线形、弧形、薄壁堰、宽顶堰等，不同形式的堰口可造成形态各异的瀑身。

落水堰口的主要形式是宽顶堰。其可分为自然式瀑布落水堰口、规则式落水堰口与曲折式落水堰口。无论何种形式的落水堰口，都必须严格水平。欲使瀑布平滑、整齐，对堰口必须采取一定的措施。

① 在堰口处固定"∧"形铜条或不锈钢条，因为这种金属构件能被做得相当平直。

② 必须使进水管的进水速度比较稳定，进水管一般采取花管或在进水管设挡水板，以减小水流出水池的速度，一般这个速度不宜超过 1m/s。

3. 瀑身设计

瀑布水幕的形态也就是瀑身，它是由堰口及堰口以下山石的堆叠形式确定的。例如，堰口处的整形石呈连续的直线，堰口以下的山石在侧面图上的水平长度不超出堰口，则这时形成的水幕整齐、平滑，非常壮丽。堰口处的山石虽然在一个水平面上，但水际线伸出、缩进，可以使瀑布形成的景观有层次感。若堰口以下的山石，在水平方向上堰口突出较多，可形成两重或多重瀑布，这样瀑布就更加活泼而有节奏感。

瀑布不同的落水形式如图 5-5 所示。

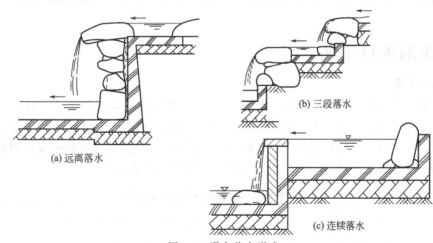

图 5-5　瀑布落水形式

瀑身设计可以表现瀑布的各种水态的性格。在城市景观构造中，注重瀑身的变化，可创造多姿多彩的水态。天热瀑布的水态是很丰富的，设计时应根据瀑布所在环境的具体情况、空间气氛，确定设计瀑布的性格。设计师应根据环境需要灵活运用。

4. 瀑布潭底及潭壁的做法

瀑布的水落入潭中时，潭底及壁会受一定的冲力。一般由人工水池替代潭时，其底及壁的结构必须相应加固。

（1）瀑布水潭大小的确定　潭的大小需要根据瀑布水流量的大小而定，也要综合考虑观赏瀑布的最佳视距、瀑布水不外溅的最小距离等。

（2）水潭潭池的做法

① 水落差大于 5m 时，采取 A 类池底结构，如图 5-6 所示。

② 水落差在 2～5m 时，采取 B 类池底结构，如图 5-7 所示。

③ 水落差小于 2m 时，采取 C 类池底结构，如图 5-8 所示。

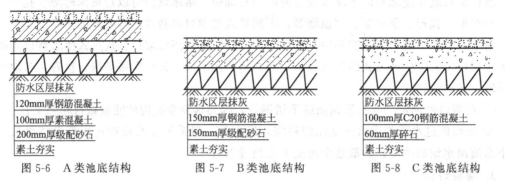

图 5-6　A 类池底结构　　　　图 5-7　B 类池底结构　　　　图 5-8　C 类池底结构

（3）水潭潭壁的处理方法。水池壁的高度可以结合人们坐着休息时椅凳的高度来设计，为 35～45cm，也可以用自然山石点缀，与假山瀑布统一协调。水池壁所受到的冲力一般比池底所受到的冲力小，可用水泥砂浆砌 240mm 厚砖墙，防水层抹灰即可。

5. 与声响、灯光的结合

利用声响效果渲染气氛，增强水声如波涛翻滚的意境。也可以把彩色的灯光安装在瀑布的对面，晚上就可以呈现出彩色瀑布的奇异景观。如南京北极阁广场瀑布就同时运用了以上两种效果。

四、瀑布的水力计算

1. 瀑布规模

瀑布规模主要决定于瀑布的落差（跌落高度）、瀑布宽度及瀑身形状。如按落差高低区分，瀑布可分为三类：小型瀑布，落差＜2m；中型瀑布，落差 2～3m；大型瀑布，落差≥3m。落差≥3m 的瀑布，在跌落过程中，因与空气摩擦，可能造成瀑身的破裂，因此，瀑身水层需要有一定的厚度。跌落方式、瀑身厚度之间的关系见表 5-2。

表 5-2　跌落方式、瀑身厚度之间的关系

跌落方式	瀑身厚度/mm
沿底衬流淌的瀑身	3～5
悬挂式瀑身	3～5
气势宏大的悬挂式瀑身	5～20

2. 水力计算方法

一般来说，瀑身形状不同，水力计算方法也不同。常用瀑布水力计算方法如下。

（1）悬挂式瀑布的水力计算

① 跌落时间的计算。瀑布跌落时间计算公式为：

$$t = \sqrt{\frac{2h}{g}}$$

式中　t——瀑布的跌落时间，s；

　　　h——瀑布的跌落高度，m；

　　　g——重力加速度，取 9.8m/s²。

② 瀑布体积计算。每米宽度的瀑布所需水体积计算公式为

$$V = \alpha b h$$

式中　V——悬挂式瀑布每米宽度的水体体积，m³/m；

　　　b——瀑身的厚度，根据瀑布规模，参见表 5-2，m；

　　　h——瀑布的跌落高度，m；

　　　α——安全系数，考虑瀑布在跌落过程中空气摩擦造成的水量损失，可取 1.05～1.1，根据规模确定，大型瀑布取上限，小型瀑布取下限。

③ 瀑布流量的计算。为使瀑布完整、美观与稳定，瀑布的流量必须满足在跌落时间为 t（s）的条件下，达到瀑身水体体积为 V（m³），故每米宽度的瀑布，设计流量计算公式为

$$Q = \frac{V}{t}$$

式中　Q——瀑布每米宽度的流量，m³/(s·m)；

　　　V——瀑布体积，m³；

　　　t——瀑布的跌落时间，s。

（2）折线式瀑布水力计算方法　折线式瀑布的水流从溢流堰溢出后，受折线底衬的阻挡，流速减慢，水层的厚度可减薄，因此所需流量可以减小。用落差相同的悬挂式瀑布的计算方法，计算出流量 Q，然后取（1/2～1）Q 即可。

（3）线状瀑布的水力计算　根据形成线流的不同方法，采用相应的水力计算公式。

① 采用间隔式矩形薄壁堰形成线状瀑布。间隔式矩形薄壁堰的每个堰的堰宽 b 采用 20～50mm，间隔宽度 l 采用 100～200mm。经溢流形成的水形即为线状瀑布。堰宽 b 的取值决定了线状的粗细，间隔 l 的取值决定水线的疏密。

② 孔口或管嘴出流形成线状瀑布。

孔口或管嘴出流形成线状瀑布的水力计算可采用下式计算孔口出流流速 v_c。

$$v_c = \frac{1}{\sqrt{1+\xi}}\sqrt{2gH_0} = \varphi\sqrt{2gH_0}$$

$$\varphi = \frac{1}{\sqrt{1+\xi}}$$

式中　v_c——孔口自由出流、收缩断面处的流速，m/s；

　　　φ——孔口流速系数；

　　　ξ——孔口局部阻力系数；

　　　H_0——孔口淹没深度，m；

　　　g——重力加速度，取 9.8m/s²。

用下式计算孔口出流流量 q。

$$q = v_c \omega_c = \varphi \omega_c \sqrt{2gH_0}$$

式中　q——孔口流量，m^3/s；

　　　v_c——收缩断面处的流速，m/s；

　　　ω_c——孔口的面积（m^2）；

　　　H_0——孔口淹没深度，m；

　　　g——重力加速度，取 $9.8m/s^2$。

根据落差高度用下式计算孔口出流后的水平射距。

$$l = 2\varphi \sqrt{H + H_0}$$

式中　l——孔口出流的水平射距，m；

　　　φ——孔口流速系数；

　　　H_0——孔口淹没深度，m；

　　　H——水线跌落高度，m。

（4）垂直或倾斜底衬瀑布的水力计算　沿垂直底衬或倾斜底衬流淌的瀑布，由于水流阻力较大，流速较慢，与空气的摩擦也较小，瀑布破裂的可能性小，瀑身厚度可减薄。因此在规模相同（落差与瀑宽）的条件下，所需流量较悬挂式瀑布少。

水力计算时，可取落差相同的悬挂式瀑面流量的 $1/2 \sim 1$ 计算，再根据流量选择合适的溢流堰形式，计算堰顶水深 H_0。

（5）底衬镶嵌块石后形成的瀑布的水力计算　在垂直或倾斜底衬上镶嵌镜面石、分流石、破滚石后，瀑布被分割、分流和翻滚，形成多种形态的瀑身。瀑身由于受到块石的阻挡，阻力增大、流速减慢、流量减小。这类瀑身的水力计算，也是以悬挂式瀑面作为基础的。可取落差相等的悬挂式瀑布流量的 $1/3 \sim 1/2$，再根据所取流量，选择合适的溢流堰形式，计算堰顶水深 H_0 即可。

第三节　瀑布施工

一、瀑布水源

瀑布给水是瀑布施工的首要问题，因此，必须提供足够的水源。瀑布的水源有三种。

① 利用天然地形的水位差，这种水源要求建园范围内有泉水、溪、河道。

② 直接利用城市自来水，用后排走，但投资成本高。

③ 水泵循环供水，是较经济的一种给水方法。

不论何种水源均要达到一定的供水量，根据经验，高 2m 的瀑布，每米宽度流量为 $0.5m^3/min$ 较适宜。

二、瀑布落口处理方法

当瀑布的水膜很薄时，不仅可以节约用水，而且往往能表现出各种引人注目的水态。但如果堰顶水流厚度只有 6mm，而堰顶为混凝土或天然石材时，由于施工很难达到标准的水平，因而容易造成瀑身不完整，这在建造整形水幕时，尤为重要。此时可以采用以下方法。

① 用青铜或不锈钢制成堰唇，以保证落水口的平整、光滑。

② 增加堰顶蓄水池的水深，以形成较为壮观的瀑布。

③ 堰顶蓄水池可采用花管供水，或在出水管口处设挡水板，以降低流速。一般应使流速不超过 0.9~1.2m/s 为宜，以消除索流。

三、瀑布底衬施工

瀑布从落水堰口溢出后，顺着瀑布底衬直流而下。瀑布底衬的材料可用混凝土、花岗岩、玻璃幕墙或石块堆砌等砌成。为了使水流更具动感、光的折射以及水形变化，可将瀑布底衬做成折线形，粗糙凹凸；或在底衬上镶嵌凸出的块石。根据块石所起的作用不同，有被称为折射光线的镜面石、切割水流的分流石、使水流翻腾而下的破滚石以及承接下落水流并起消能作用的承瀑石等。

1. 底衬的土建部分

瀑布类底衬土建部分的基本组成都是蓄水池、瀑身底衬（含溢流堰）及承接水池。在建造底衬时，首先要根据设计图纸将各组成部分的土建项目建成。各组成部分的土建项目包括承接水池与蓄水池的碎石垫层、钢筋混凝土底板、钢筋混凝土墙体、防水层（用防水水泥砂浆抹面或橡胶防水垫层）。

2. 底衬的砌筑方法

（1）花岗石块石底衬的砌筑 土建部分完成后用花岗石块石砌筑承接水池、瀑身底衬、溢流堰及蓄水池。砌筑瀑身底衬时把镜面石、分流石、破滚石、承瀑石等同时砌筑。花岗石块石底衬的做法如图 5-9 所示。

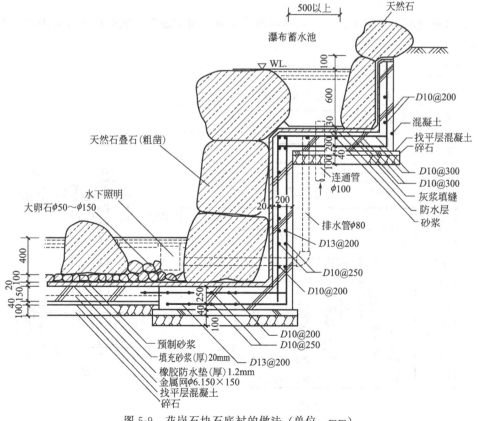

图 5-9 花岗石块石底衬的做法（单位：mm）

　　（2）花岗石片石底衬的砌筑　　在铺砌时厚片石与薄片石可根据设计图纸及工匠的手艺相间铺设，以便形成多变的瀑身形状。花岗石片石底衬的做法如图 5-10 所示。

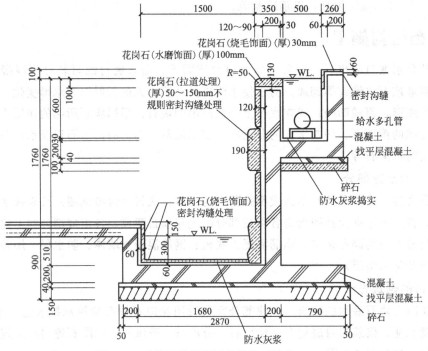

图 5-10　花岗石片石底衬的做法（单位：mm）

　　（3）钢筋混凝土底衬的砌筑　　钢筋混凝土底衬浇筑完成后，表面抹平或大理石贴面而成或再添加一些小饰品。其做法如图 5-11 所示。

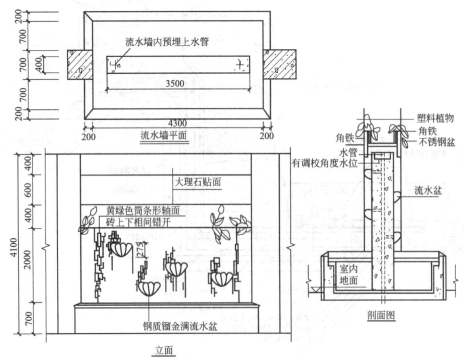

图 5-11　钢筋混凝土底衬的做法（单位：mm）

3. 底衬施工注意事项

（1）不得漏水、不得存在空腔　砌块之间的缝隙、贴面材料与土建底板墙面之间，都必须用灰浆填实，不得漏水、不得存在空腔，否则不但会影响瀑身水形，还可能在冬季结冰时，由于空腔积水结冰膨胀而破坏底衬。

（2）溢流堰必须严格水平　任何形式的溢流堰，堰顶必须严格水平。否则会影响瀑身水形的完整性与均匀性。

（3）同步安装或预埋设备　建造底衬施工时，必须同步安装水泵、管道、循环水处理设备以及彩灯或其预埋件。

四、瀑布照明施工

① 对于水流和瀑布，灯具应装在水流下落处的底部。

② 输出光通量应取决于瀑布的落差和与流量成正比的下落水层的厚度，还取决于流出口的形状所造成水流的散开程度。

③ 对于流速比较缓慢、落差比较小的阶梯式水流，每一阶梯底部必须装有照明。线状光源（荧光灯、线状的卤素白炽灯等）最适合于这类情形。

④ 由于下落水的重量与冲击力，可能冲坏投光灯具的调节角度和排列，因此必须牢固地将灯具固定在水槽的墙壁上或加重灯具。

⑤ 具有变色程序的动感照明，可以产生一种固定的水流效果，也可以产生变化的水流效果。

瀑布与水流的投光照明如图 5-12 所示是针对采用的不同流水效果的灯具安装方法。

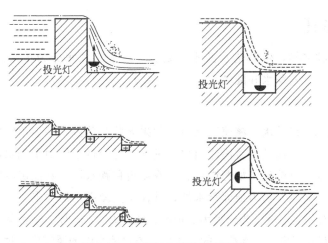

图 5-12　瀑布与水流的投光照明

五、瀑布水体净化处理

为保护水体的清洁无公害，应对瀑布水体进行净化，其装置如图 5-13 和图 5-14 所示。

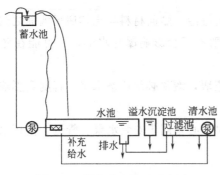

图 5-13　瀑布净水装置示意图

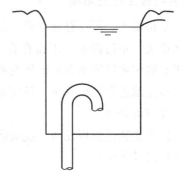

图 5-14　蓄水池出水口处理

第四节　跌水设计与施工

一、跌水的特点

跌水本质上是瀑布的变异，它强调一种规律的阶梯落水形式，跌水的外形就像一道楼梯，其构筑的方法和瀑布基本一样，只是它所使用的材料更加自然美观，如经过装饰的砖块、混凝土、厚石板、条形石板或铺路石板，目的是取得规则式设计所严格要求的几何结构。台阶有高有低，层次有多有少，有韵律感及节奏感，构筑物的形式有规则式、自然式及其他形式，故产生了形式不同、水量不同、水声各异的丰富多彩的跌水景观。它是善用地形、美化地形的一种理想的水态，具有很广泛的利用价值。

二、跌水的形式

跌水的形式多种多样，依其落水的水态划分，一般将跌水分为单级式跌水、二级式跌水、多级式跌水、悬臂式跌水和陡坡跌水。

1. 单级式跌水

单级式跌水也称一级跌水。溪流下落时，如果无阶状落差，即为单级式跌水。单级式跌水由进水口、胸墙、消力池及下游溪流组成，进水口是经供水管引水到水源的出口，应通过某些工程手段使进水口自然化，如配饰山石。胸墙也称跌水墙，它能影响到水态、水声和水韵。胸墙要求坚固、自然。消力池即承水池，其作用是减缓水流冲击力，避免下游受到激烈冲刷，消力池底要有一定厚度。当流量为 $2m^3/s$、墙高大于 2m 时，池底厚为 50cm。消力池长度也有一定要求，其长度应为跌水高度的 1.4 倍。连接消力池的溪流应根据环境条件设计。

2. 二级式跌水

二级式跌水即溪流下落时，具有二阶落差的跌水。通常上级落差小于下级落差。二级式跌水的水流量较单级式跌水小，故下级消力池底厚度可适当减小。

3. 多级式跌水

即溪流下落时，具有三阶以上落差的跌水，如图 5-15 所示。多级跌水一般水流量较小，因而各级均可设置蓄水池（或消力池）。水池可为规则式，也可为自然式，视环境而定。水池内可点铺卵石，以防水闸海漫功能削弱上一级落水的冲击。有时为了造景需要和渲染环境气氛，可配装彩灯，使整个水景景观盎然有趣。

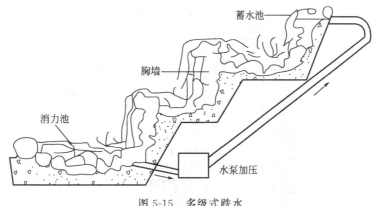

图 5-15　多级式跌水

4. 悬臂式跌水

悬臂式跌水的特点是其落水口的处理与瀑布落水口泄水石处理极为相似，它是将泄水石突出呈悬壁状，使水能泄至池中间，因而使落水更具魅力。

5. 陡坡跌水

陡坡跌水是以陡坡连接高、低渠道的开敞式过水构筑物。园林中多应用于上下水池的过渡。由于坡陡水流较急，需有稳固的基础。

三、跌水的结构

跌水的结构如图 5-16 和图 5-17 所示。

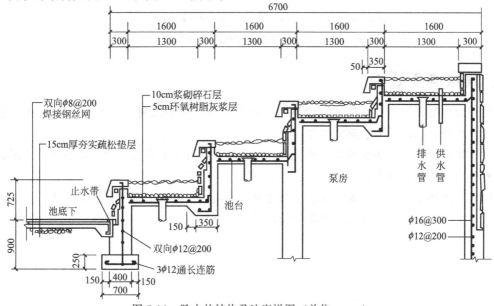

图 5-16　跌水的结构及池底详图（单位：mm）

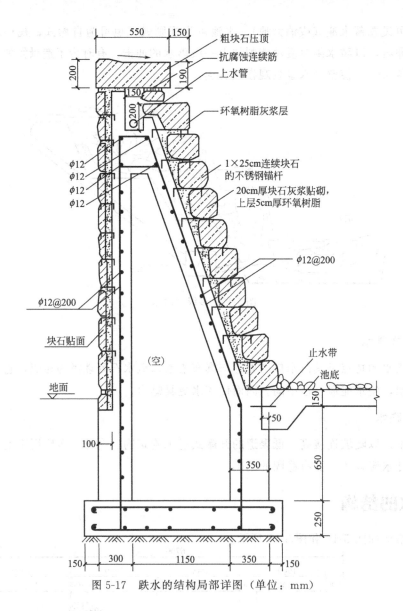

图 5-17 跌水的结构局部详图（单位：mm）

四、跌水施工要点

（1）因地制宜，随形就势 布置跌水，首先应分析地形条件，重点着眼于地势高差变化、水源水量情况及周围景观空间等。

（2）根据水量确定跌水形式 水量大，落差单一，可选择单级跌水；水量小，地形具有台阶状落差，可选多级式跌水。

（3）利用环境，综合造景 跌水应结合泉、溪涧、水池等其他水景综合考虑，并注意利用山石、树木、藤萝隐蔽供水管和排水管，增加自然气息，丰富立面层次。

第六章

喷泉设计与施工

第一节　喷泉概述

喷泉是一种将水或其他液体经过一定压力通过喷头喷洒出来的具有特定形状的组合体，提供水压的一般为水泵。随着我国国民经济的高速发展，人民生活水平的不断提高，水景喷泉得到了广泛的应用，现已经逐步发展为几大类，如音乐喷泉、程控喷泉、音乐程控喷泉、激光水幕电影、趣味喷泉等，这些喷泉加上特定的灯光、控制系统，会起到净化空气、美化环境的作用。

喷泉原是一种自然景观，是承压水的地面露头。而园林中的喷泉，一般是为了造景的需要，人工建造的具有装饰性的喷水装置。喷泉可以湿润周围空气，减少尘埃，降低气温。喷泉的细小水珠通过空气分子撞击，能产生大量的负氧离子。因此，喷泉有益于改善城市面貌和增进居民身心健康。

一、喷泉简介

中国古典园林崇尚自然，力求清雅素静，富于野趣。在园林理水方面重视对天然水态的艺术再现。对于人工造成动态水的喷泉应用较少。《汉书·典职》记载：在汉上林苑中有"激上河水，铜龙吐水，铜仙人衔杯受水下注"的设施。《贾氏谈录》记载：唐代华清宫御汤池中"有双白石莲，泉眼自瓮口中涌出，喷注白莲之上"。《洛阳名园记》记述董氏西园中有水自花间涌出。有的水景保存至今，如建于南宋淳佑年间（1241～1252 年）杭州黄龙洞的黄龙吐水。18 世纪，西方式的喷泉传入中国。1747 年清乾隆皇帝在圆明园西洋楼建"谐奇趣"、"海晏堂"、"大水法"三大喷泉。"大水法"的中央水池中有十只铜狗，口中齐射急流，直指铜鹿，称为"猎狗逐鹿"。在"海晏堂"，有身穿罗汉袍的"十二生肖"像，每个生肖都能喷水，用以报时。这是由人工操纵的提水机械——龙尾车扭水旋转上升，形成高位水，由机械控制，每隔一个时辰（相当于两小时）由十二生肖依次喷水，到正午时分，十二个生肖同时喷水。

近年来，特别是改革开放以来，水景工程在我国得到了迅速的发展。以往园林工程中常见的镜池、溪流、假山瀑布等，已不能满足人们的需求。各种新型水景工程，从微型喷泉小品、室内喷泉、庭院喷泉、广场喷泉、各种情趣性游乐喷泉、程控喷泉、音乐喷泉、激光喷泉、水幕电影、超高喷泉、超大瀑布等，都在我国相继出现，产品也走向国际市场。

1. 喷头研制和喷水造型设计

人们对我国古典园林以静水、流水为主的水景形式和西方固定喷水形式已感到单调平淡。一方面追求新奇多变和快节奏，另一方面则追求回归大自然，寻求天然野趣和轻松精雅。为适应这种需求，作为喷泉工程的主要装置——喷头的造型设计也在不断拓新变化，于是就出现了子弹喷头、水雷喷头、悬挂水晶球、喷泉冰挂、水晶柱、光导水柱、水雕塑、大型水壁、百米喷泉、超大型瀑布、字幕喷泉、激光喷泉和水幕电影、喷烟与喷水、趣味喷泉等。

2. 照明技术在喷泉工程中的应用

对于彩色喷泉，照明是其重要组成部分。照明设计的好坏，极大影响水景工程的观赏效果，照明工程造价也在整个工程造价中占有相当大的比重，所以应引起设计者的重视。近年来照明专业技术发展很快，新型光源灯具不断开发应用，为设计增添了不少选择，如水下彩灯、软式流星灯、带灯、镁氖灯（可塑性霓虹灯、彩虹灯）、频闪灯和管式花园灯、光导纤维照明、远距离投影灯、水柱导光照明等。

3. 控制技术在喷泉工程中的应用

电子和控制技术发展很快，尤其是计算机的应用，为控制技术开拓了新天地，使自动控制更加方便简单，所以得到了迅速推广，它在喷泉中应用也很广泛。

（1）程序控制　利用可编程控制器控制喷泉的花型组合变化，特别是在控制路数较多（一般为几十至上百路）、每路容量不太大（一般每路不超过几千瓦）的情况下，中间可以不用继电器，更加方便，成本也较低；并且控制路数可扩展，控制程序可任意写入和修改。程序控制的控制对象常为水泵、电磁阀和彩灯。

（2）音乐控制　所谓音乐喷泉，就是利用音乐的主要因素（频率、振幅、音色和节拍）控制喷水的花型组合变化、水柱高低、远近变化和灯光色彩组合、明暗变化的喷泉。目前音乐喷泉最常采用的控制方式为实时控制，即对音乐实时跟踪采集、分解处理并转换成模拟量或数字量信号，用以控制水泵的运行组合和转速变化，或用以控制液压伺服阀或电动调节阀的运行组合和开启度，同时相应控制灯光的组合变化。这种控制方式不必对音乐预先进行编辑处理，所以对任何光盘甚至现场即兴演奏都可以响应。关于水泵调速方式，目前适用的有变频调速和滑差离合器调速，其中滑差离合器调速的控制原理是电机恒速运行，利用滑差离合器无级调节水泵转速，因设备较笨重，规格品种不多，调速性能不理想等原因使用不多；脉宽调速方式，其突出特点是体积小巧，价格低廉，适合要求不太高的音乐喷泉。采用水下电液伺服阀作为执行机构控制水姿造型变化，其特点是响应迅速、动作灵敏、维护简单、使用方便，所以也得到广泛应用。

4. 其他相关技术

（1）喷泉用水泵　目前还是采用普通工业泵或农业泵。陆用泵多采用 IS、S 系列等，潜水泵多采用 QY、QX、QS 等系列。这些水泵并不理想，尤其是对于程控和音乐喷泉。现在我国已有厂家生产卧式潜水泵，但进展缓慢，品种和性能仍不能满足喷泉工程要求。程控和音乐喷泉对水泵的要求大致有以下几条：

① 造型要美观；

② 为减小水池深度和方便安装应卧式安装、端部出水、不设底座和地脚螺栓；

③ 为减少喷头堵塞，应自带细滤网，并适当加大进水面积；

④ 尽量减小叶轮和泵轴的转动惯量，能够快速启动和停车；

⑤ 要适合频繁启动；

⑥ 要提高电机的绝缘性能；

⑦ 电机最好自带漏电、过载、缺相等保护；

⑧ 最好有几种标准叶轮，串联不同级数就可形成较全的型号；

⑨ 效率应达到国际先进水平。

（2）新型建材在喷泉工程中的应用　最近几年我国新型建材发展很快，它们的应用也为喷泉工程增色不小。如镭射玻璃的应用作为水池贴面和小型喷泉的衬景材料，应用得当会改善观瞻；空心玻璃砖的出现也增加了池壁材料的选择余地；树脂混凝土（砂浆）使喷泉雕塑材料有了更加适用的材料；混凝土外加剂中微膨胀剂的开发利用，使水池防水更加简单方便、经济可靠，为安装创造了方便条件。

二、喷泉功能说明

1. 掩盖噪声、消除压力焦虑

城市人口越来越密集，工作节奏加快，人们的精神压力越来越大。人们急切期盼着回归大自然，到青山绿水中去放松自己。流水喷泉水声温柔，水滴飞溅，使人感到仿佛大自然就在身边，起到舒缓工作压力的作用。水流声虽然轻柔却足以掩盖都市里的喧嚣，撞击在容器上的自然韵律给人带来一种安宁和悠闲的感觉。

2. 美化室内风景

外形美观优雅、体积轻巧的小型喷泉与植物、花卉、灯具结合可以使流水、花草、彩灯交相辉映，使室内景象一新，充满生气，有入仙境之美妙感觉。

3. 改善空气质量、加湿作用

流水和溅起的水珠能产生大量的负氧离子，可以消除空气中的异味、吸附家电释放的电磁辐射及飘浮的有害粉尘，令室内空气更清新，同时起到加湿器的作用。

三、喷泉种类和形式

喷泉有很多种类和形式，大体分为以下几种。

1. 普通喷泉

普通喷泉只是简单的几种固定水型及灯光，随着电源的开闭而控制喷泉的运行，水型、灯光变化少，一般为早期产品或只用于装饰性喷泉时使用，其特点是制造简单，造价低。

2. 程控喷泉

程控喷泉是将各种水型及灯光，按照预先设定的排列组合进行控制程序的设计，通过计算机运行程序发出控制信号，使水型及灯光有各种各样的变化。

3. 音乐程控喷泉

音乐程控喷泉是在程序控制喷泉的基础上加入了音乐控制系统，计算机通过对音频及MIDI 信号的识别，进行译码和编码，最终将信号输出到控制系统，使喷泉的造型及灯光与音乐保持同步，从而达到喷泉水型、灯光及色彩的变化与音乐情绪的完美结合，使喷泉表演更加生动、富有内涵。音乐喷泉可以根据音乐的高低起伏变化，用户可以在编辑界面编写自己喜爱的音乐程序。播放系统可以实现音乐、水、灯光气氛统一，播放同步。

4. 水幕激光喷泉

水幕激光是将激光器发出的激光束射在水幕喷头喷出的水膜上，激光束由激光控制系统编程控制，可发出多种多样的图案及色彩，照射在晶莹透明的水膜上，形成斑斓夺目的奇异效果。水幕电影出现于20世纪80年代，采用特殊的录影机播放，使用的影片也是专门为水幕电影特制的影带。由于电影的屏幕是透明的水膜，因此在电影播放时会有一种特殊的光学效果，屏幕的视觉穿透性可使画面具有一种立体的感觉，影片的内容可与水面巧妙地结合，更有一种身临其境般的奇幻感觉。Dsss水幕电影是通过高压水泵和特制水幕发生器，将水自上而下高速喷出，雾化后形成扇形"银幕"，由专用放映机将特制的录影带投射在"银幕"上，形成水幕电影。当观众在观看电影时，扇形幕与自然夜空融为一体，当人物出入画面时，好似人物腾起飞向天空或自天而降，产生一种虚无缥缈和梦幻的感觉，令人神往。水幕电影投影机由机械装置、控制支架、RS322通信口、软件、时间信号界面及DNX512接口组成。该投影机的发动机通过光学传感控制，精度高，其控制方法有编程控制、直接控制和实用程序控制三种。

5. 水珍珠喷泉

水珍珠喷泉是利用特殊声波将水变成球体的喷水装置（WPS系统）和全频高速闪光灯（WPS系统）的视觉残像效果的系列配套产品。水珍珠可在1s内连续喷出50～60颗大小的水珠，用专用全频高速闪光灯（WPS系列）成功地实现了水珠悬浮在空中的动人景象。这种全频高速闪光灯和普通闪光灯不同，它可高速闪光，看起来与自然的室内照明无两样。用游标卡尺可准确测量出悬浮在空中的水珠直径，令人难以相信，还以为是视觉错觉。水珍珠与普通喷水不同，它不仅仅是单一的空间装饰，而且是可在各种设施中利用水的视觉、触觉效果，为人们提供观赏、其乐无穷的安全的划时代的喷水装置。

水珍珠喷泉喷水形状分为呈曲线下落的抛物线型（WPV系列）和呈直线下落的垂直下喷型（WPV系列）。水珠大小、喷水形状可据不同用途安装。既可设计出桌上迷你喷泉，也可构筑气势磅礴、宏伟壮观的喷泉。

6. 游戏喷泉

游戏喷泉又称感应泉，喷泉水柱根据游人的动作产生反应，而且这种反应具有不确定性，是一种互动式喷泉，增强了娱乐氛围。人们可以融入喷泉水景中进行各种戏水活动，如穿过由彩虹状水形成的隧道，由水矩阵形成的迷宫，还可以实现水炮打靶，用呐喊来控制喷泉水柱的高低；用钢琴键发出音符的同时喷出高低对应的水柱，通过触摸改变水柱的颜色或水流方向、形态，产生水雾、气泡甚至跳出彩球和奖品等，给人带来轻松愉悦的心情。

7. 跳跳喷泉

跳跳喷泉又名光亮泉。这是一种高科技水景艺术，水形似晶莹透彻的冰柱，一条条、一串串飞向空中，轻舞飞扬，不溅不散。如果是一对跳跳喷泉，可实现长对跳、中对跳、短对跳、错位跳等，令人目不暇接。如果安装的个数多于两个，还可以增加追逐、跟踪等功能。

常见喷泉的水姿形态如图6-1所示。

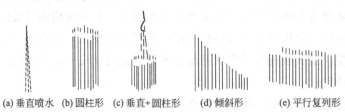

(a) 垂直喷水 (b) 圆柱形 (c) 垂直+圆柱形 (d) 倾斜形 (e) 平行复列形

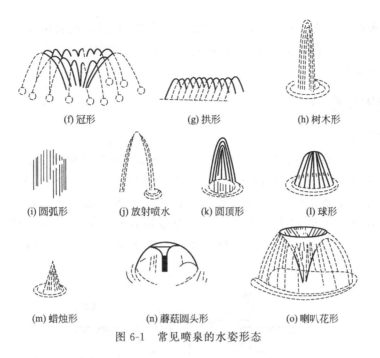

图 6-1　常见喷泉的水姿形态

四、喷泉选址及水源

在选择喷泉位置、布置喷水池周围的环境时，首先要考虑喷泉的主题、形式与环境相协调，把喷泉和环境统一考虑，用环境渲染和烘托喷泉，以达到装饰环境，或借助喷泉的艺术联想创造意境。

（1）在一般情况下，喷泉的位置多设在建筑、广场的轴线焦点或端点处，也可以根据环境特点，做一些喷泉小景，自由地装饰室内外的空间。喷泉宜安置在避风的环境中以保持水形。

（2）喷水池的形式有自然式和整形式。喷水的位置可以居于水池中心，组成图案，也可以偏于一侧或自由地布置；另外要根据喷泉所在地的空间尺度来确定喷水的形式、规模及喷水池的大小比例。

（3）喷泉的布置，首先要考虑喷泉对环境的要求。喷泉对环境的要求见表 6-1。

表 6-1　喷泉对环境的要求

喷泉环境	参考的喷泉设计
开敞空间（如广场、车站前公园入口、轴线交叉中心）	宜用规则式水池。水池宜人，喷水要高，水姿丰富，适当照明，铺装宜宽、规整，配盆花
半围合空间（如街道转角、多幢建筑物前）	多用长方形或流线形水池，喷水柱宜细，组合简洁，草坪烘托
特殊空间（如旅馆、饭店、展览会场、写字楼）	水池圆形、长形或流线形，水量宜大，喷水优美多彩，层次丰富，照明华丽，铺装精巧，常配雕塑
喧闹空间（如商厦、游乐中心、影剧院）	流线形水池，线形优美，喷水多姿多彩，水形丰富，声、色、姿结合，简洁明快，山石背景，雕塑衬托
幽静空间（如花园小水面、古典园林中、浪漫茶座）	自然式水池，山石点缀，铺装细巧，喷水朴素，充分利用水声，强调意境
庭院空间（如建筑中、后庭）	装饰性水池，圆形、半月形、流线形，喷水自由，可与雕塑、花台结合，池内养观赏鱼，水姿简洁，山、石、树、花相间

喷泉的水源应为无色、无味、无有害杂质的清洁水。因此，喷泉用水通常与城市自来水供水管网相通。但为了节约水资源，也可利用企业生产过程中的设备冷却水、空调系统的废水等作为喷泉的水源。

五、喷泉供水方式

1. 直流式供水

直流式供水形式如图6-2所示。直流式供水特点是自来水供水管直接接入喷水池内与喷头相接，给水喷射一次后即经溢流管排走。其优点是供水系统简单，占地少，造价低，管理简单。缺点是给水不能重复利用，耗水量大，运行费用高，不符合节约用水要求；同时由于供水管网水压不稳定，水形难以保证。直流式供水常与假山盆景结合，可做小型喷泉、孔流、涌泉、水膜、瀑布、壁流等，适合于小庭院、室内大厅和临时场所。

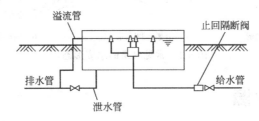

图 6-2　直流式供水形式

2. 水泵循环供水

水泵循环供水形式如图6-3所示。水泵循环供水特点是另设泵房和循环管道，水泵将池水吸入后经加压送入供水管道至水池中，水经喷头喷射后落入池内，经吸水管再重新吸入水泵，使水得以循环利用。其优点是耗水量小，运行费用低，符合节约用水要求；在泵房内即可调控水形变化，操作方便，水压稳定。其缺点是系统复杂，占地大，造价高，管理麻烦。水泵循环供水适合于各种规模和形式的水景工程。

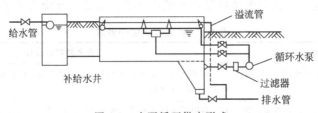

图 6-3　水泵循环供水形式

3. 潜水泵循环供水

潜水泵循环供水形式如图6-4所示。潜水泵循环供水特点是潜水泵安装在水池内与供水管道相连，水经喷头喷射后落入地内，直接吸入泵内循环利用。其优点是布置灵活，系统简单，占地少，造价低，管理容易，耗水量小，运行费用低，符合节约用水要求。其缺点是水形调整困难。潜水泵循环供水适合于中小型水景工程。

随着科学技术的日益发展，大型自控喷泉不断出现，为适应水形变化的需要，常常采取

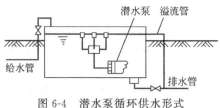

图 6-4　潜水泵循环供水形式

水泵和潜水泵结合供水，充分发挥各自特点，保证供水的稳定性和灵活性，并可简化系统，便于管理。

如图 6-5 所示为一般喷泉的供水方式框图。

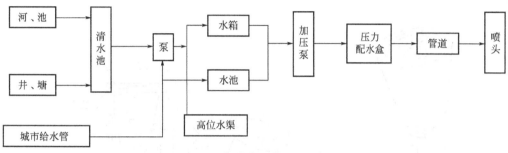

图 6-5　一般喷泉的供水方式框图

六、喷泉照明

1. 喷泉照明的特点

喷泉照明与一般照明不同。一般照明是要在夜间创造一个明亮的环境，而喷泉照明则是要突出水花的各种风姿。因此，它要求有比周围环境更高的亮度，而被照明的物体又是一种无色透明的水，这就要利用灯具的各种不同的光分布与构图，形成特有的艺术效果，形成开朗、明快的气氛，供人们观赏。

2. 喷泉照明的种类

（1）固定照明　如日内瓦莱蒙湖上耸入云天的 145m 高的大喷泉，就是在距喷水口 20m 处，装设了一台巨型探照灯，形成银色水柱直刺暮空，景色十分壮观。

（2）闪光照明和调光照明　这是由几种彩色照明灯组成的，它可通过闪光或使灯光慢慢地变化亮度以求得适应喷泉的色彩变化。

（3）水上照明与水下照明　水上照明和水下照明各有优缺点。大型喷泉往往是两者并用，水下照明可以欣赏水面波纹，并且由于光是由喷水下面照射的，因此当水花下落时，可以映出闪烁的光。

3. 喷泉照明手法

为了既能保证喷泉照明取得华丽的艺术效果，又能防止观众目眩，布光是非常重要的。照明灯具的位置，一般是在水面下 5～10m 处。在喷嘴的附近，以喷水前端高度的 1/5～1/4 以上的水柱为照射的目标；或以喷水下落到水面稍上的部位为照射的目标。这时如果喷泉周围的建筑物、树丛等的背景是暗色的，则喷泉水的飞花下落的轮廓，就会被照射得清清楚楚。

4. 喷泉常用照明设备

(1) 灯具　喷泉常用的灯具，从外观和构造来分类，可以分为灯在水中照明的简易型灯具和密闭型灯具两种。

① 简易型灯具如图6-6所示。灯的颈部电线进口部分备有防水机构，使用的灯泡限定为反射型灯泡，而且设置地点也只限于人们不能进入的场所。其特点是采用小型灯具，容易安装。

② 密闭型灯具有多种光源的类型，而且每种灯具限定了所使用的灯。例如，有防护式柱形灯、反射型灯、汞灯、金属卤化物灯等光源的照明灯具。一般密封型灯具如图6-7所示。

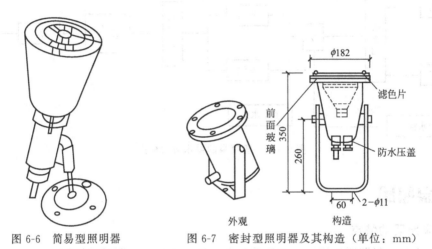

图6-6　简易型照明器　　　　图6-7　密封型照明器及其构造（单位：mm）

(2) 滤色片　当需要进行色彩照明时须安装滤色片，滤色片的安装方法分为固定在前面玻璃处的（如图6-8所示）和可变换的（如图6-9所示）两种，一般使用固定滤色片的方式。

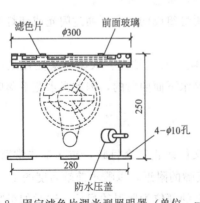

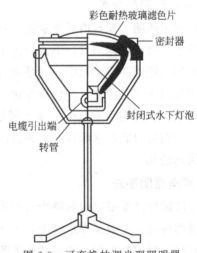

图6-8　固定滤色片调光型照明器（单位：mm）　　图6-9　可变换的调光型照明器

国产的封闭式灯具用无色的灯泡装入金属外壳。外罩采用不同颜色的耐热玻璃，耐热玻璃与灯具间用密封橡胶圈密封，调换滤色玻璃片可以呈现红、黄（琥珀）、绿、蓝、无色透明五种颜色。灯具内可以安装不同光束宽度的封闭式水下灯泡，从而得到几种不同的光强。配用不同封闭式水下灯泡后灯具的性能见表6-2。

表 6-2　配用不同封闭式水下灯泡后灯具的性能

光束类型	型号	工作电压/V	光源功率/W	轴向光强/cd	光束发散角/(°)	平均寿命/h
狭光束	FSD200-300(N)	220	300	≥40000	25＜水平＜60	1500
宽光束	FSD220-300(W)	220		≥80000	垂直＞10	1500
狭光束	PSD220-300(H)	220		≥70000	25＜水平＜30	750
宽光束	FSD12-300(N)	12		≥10000	垂直＞15	1000

注：光束发散角是指当光轴两边光强降至中心最大光强的1/10时的角度。

七、喷泉工程

1. 喷泉工程基本术语

喷泉工程是指设计、建造喷泉水景的一项专门工程。喷泉工程常用的基本术语如下。

（1）喷泉　从地上或地下冒出，并以喷洒形式出现的一种水景。喷泉分天然喷泉和通过动力机械模拟的人工喷泉。

（2）水泉　喷泉暴露在开敞的人工景观水体水面上的喷泉。

（3）旱泉　喷泉藏匿于隐蔽的人工景观水体中的喷泉。

（4）水旱泉　兼顾水泉及旱泉两者特征的综合性喷泉。

（5）再生水　污水经适当工艺处理后具有一定使用功能的水。

（6）景观环境用水　用于营造城市景观水体和各种水景构筑物的水的总称。

（7）娱乐性景观环境用水　人体非全身性接触的景观环境用水。包括设有娱乐设施的景观河道、景观湖泊及其他娱乐性景观用水。

（8）观赏性景观环境用水　人体非全身性接触的景观环境用水。包括不设娱乐设施的景观河道、景观湖泊及其他娱乐性景观用水。

（9）河道类水体　景观河道类连续流动水体。连续流动类水体分重力连续流动水体和机械提升流动水体。

（10）湖泊类水体　景观湖泊类非连续流动水体。

（11）造景类用水　用于人造瀑布、娱乐、观赏等设施的用水。

（12）高压人工造雾　常温清水经净化加压后，通过高压配水管网从特制喷头的喷口喷出直径为微米级的水粒，在空气中雾化云集，形成白色雾状景观。

（13）高压人工造雾装置　对常温清水净化并加压生产高压人工造雾的设备。

（14）水景喷泉项目的划分　包括土建系统、室外埋地给水排水管道系统、室内明装给水管道系统、水处理循环系统、电气控制系统、水幕系统、激光系统、音响系统。

2. 喷泉工程项目划分

水景喷泉工程子分部、分项工程应按表6-3进行划分。

表 6-3　水景喷泉工程子分部、分项工程划分

子分部工程	分项工程
土建系统	土方填挖、钢筋、混凝土浇筑、预埋件、防渗漏
室(池)外埋地给水排水管道系统	给水管道、阀门安装、管沟及井室、排水管道、支吊架、防腐
室(池)内明装给水管道系统	喷泉主、干、支管,泵,阀门,喷头安装,支吊架、管道防腐
水处理循环系统	循环泵、循环管路、水处理设备等安装,支吊架
电气控制系统	控制柜、配电柜安装,电缆敷设,水下灯安装、接地
水幕系统	
激光系统	
音响系统	

八、喷泉工程设计与施工基本规定

（1）应根据水景喷泉工程主题意境、建造地理位置、气候条件和安装条件、建筑与环境条件及与各种山石、雕塑组合等综合因素，决定其声、光、色、水形、水质等工艺设计。

（2）水景喷泉工程应满足安全、卫生、实用、美观、经济和节能、节水的要求，并便于运行、维护和管理。

（3）水景喷泉工程系统噪声应满足环境对噪声的要求。

（4）水景喷泉工程各系统的设备、材料等应符合国家现行有关产品标准的要求，并应有产品合格证和安装使用说明书。进口设备、材料应有报关单，当需要时应有商检证。

（5）水景喷泉工程中燃气系统的设计、安装与验收应符合现行国家标准《城镇燃气设计规范》（GB 50028—2006）和现行行业标准《城镇燃气室内工程施工及质量验收规范》（CJJ 94—2009）的规定。

（6）在获取批准开工文件后，水景喷泉工程方可正式开工。

（7）各系统安装、施工均应符合国家现行相关标准的规定。每道工序完成并经检查确认无误后，方可进入下一道工序。

（8）各专业工种、相关各系统之间，应进行衔接检查，并经有资质的监理人员认可。

第二节　人工喷泉的设计

一、喷泉喷头

喷头是喷泉的主要组成部分，它决定喷水的姿态。喷头的作用是把具有一定压力的水，经过喷嘴的造型，形成各种预想的、绚丽的水形。因此，喷头的形式、结构、质量和外观等，都会对整个喷泉的艺术效果产生重要的影响。

目前，国内外经常使用的喷头式样很多，可以归纳为以下几种类型。

（1）单射流喷头　单射流喷头是压力水喷出的最基本的形式，也是喷泉中应用最广的一种喷头。它不仅可以单独使用，也可以组合使用，能形成多种样式的喷水造型，如图 6-10 所示。

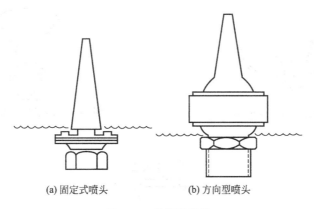

(a) 固定式喷头　　　　　(b) 方向型喷头

图 6-10　单射流喷头

（2）喷雾喷头　这种喷头的内部，装有一个螺旋状导流板，使水具有圆周运动，水喷出后，形成细细的水流弥漫的雾状水滴。每当天空晴朗，阳光灿烂，在太阳对水珠表面与人眼之间连线的夹角为 $40°36'\sim42°18'$ 时，明净清澈的喷水池水面上，就会伴随着蒙蒙的雾珠，呈现出五彩缤纷的彩虹。喷雾喷头的构造如图 6-11 所示。

（3）环形喷头　这种喷头的出水口为环状断面，即外实中空，使水形成集中而不分散的环形水柱。环形喷头的构造如图 6-12 所示。

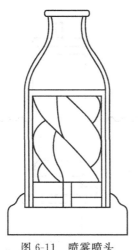

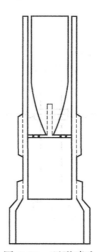

图 6-11　喷雾喷头　　　　　　　图 6-12　环形喷头

（4）旋转喷头　它利用压力水由喷嘴喷出时的反作用力或用其他动力带动回转器转动，使喷嘴不断地旋转运动。从而丰富了喷水的造型，喷出的水花或欢快旋转或飘逸荡漾，形成各种弯曲线形，婀娜多姿。旋转型喷头及喷水造型如图 6-13 所示。

（5）扇形喷头　这种喷头的外形很像扁扁的鸭嘴。它能喷出扇形的水膜或像孔雀开屏一样美丽的水花。如图 6-14 所示为扇形喷头及喷水造型。

（6）多孔喷头　这种喷头可以由多个单射流喷嘴组成一个大喷头，也可以由平面、曲面或半球形的带有很多细小的孔眼的壳体构成的喷头，它们能呈现出造型各异的盛开的水花。多孔喷头及喷水造型如图 6-15 所示。

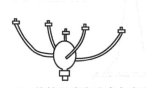

图 6-13　旋转型喷头及喷水造型

图 6-14　扇形喷头及喷水造型

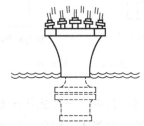

图 6-15　多孔喷头及喷水造型

（7）变形喷头　这种喷头的种类很多，它们的共同特点是在出水口的前面有一个可以调节的形状各异的反射器，使射流通过反射器起到使水花造型不同的作用，从而形成各式各样的、均匀的水膜，如牵牛花形、半球形、扶桑花形等。变形喷头及喷水造型如图 6-16 所示。

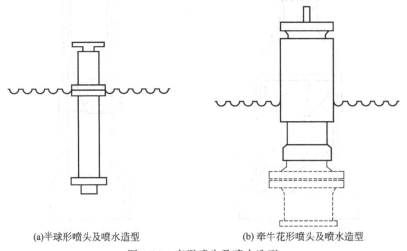

(a)半球形喷头及喷水造型　　　　　　　(b)牵牛花形喷头及喷水造型

图 6-16　变形喷头及喷水造型

（8）吸力喷头　此种喷头是利用压力水喷出时，在喷嘴的喷口处附近形成负压区。由于压差的作用，它能把空气和水吸入喷嘴外的套筒内，与喷嘴内喷出的水混合后一并喷出，这时水柱的体积膨胀，同时因为混入大量细小的空气泡，形成白色不透明的水柱。它能充分地反射阳光，因此光彩艳丽。夜晚如有彩色灯光照明则更为光彩夺目。吸力喷头又可分为吸水喷头、加气喷头和吸水加气喷头。其形式如图 6-17 所示。

（9）蒲公英形喷头　这种喷头是在圆球形壳体上，装有很多同心放射状喷管，并在每个管头上装一个半球形变形喷头。因此，它能喷出像蒲公英一样美丽的球形或半球形水花。它

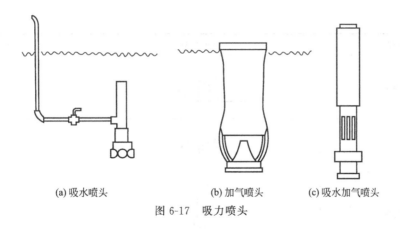

(a) 吸水喷头   (b) 加气喷头   (c) 吸水加气喷头

图 6-17 吸力喷头

可以单独使用，也可以几个喷头高低错落地布置，显得格外新颖、典雅。蒲公英形喷头如图 6-18 所示。

（10）组合式喷头 由两种或两种以上、形体各异的喷嘴，根据水花造型的需要，组合成一个大喷头，称组合式喷头。它能够形成较复杂的花形。组合式喷头如图 6-19 所示。

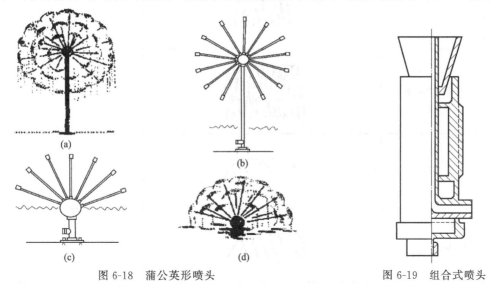

图 6-18 蒲公英形喷头   图 6-19 组合式喷头

二、喷泉水型

喷泉设计的创新和改造不断加快，喷泉水型不断丰富，见表 6-4。

表 6-4 喷泉水型

名称	喷泉水型	备注
单射形		单独布置
水幕形		在直线上布置

续表

名称		喷泉水型	备注
拱顶形			
向心形			
圆柱形			
编织形	(a)向外编织		
	(b)向内编制		
	(c)篱笆形		
屋顶形			
喇叭形			
圆弧形			
蘑菇形（涌泉形）			单独布置

续表

名称	喷泉水型	备注
吸力形		单独布置
旋转形		
喷雾形		
散水形		
扇形		
孔雀形		
多层花形		
牵牛花形		
半球形		
蒲公英形		

三、喷泉的给排水系统

喷泉的水源应为无色、无味、无有害杂质的清洁水。因此，喷泉除用城市自来水作为水源外，也可用地下水；其他像冷却设备和空调系统的废水也可作为喷泉的水源。

1. 喷泉的给水方式

喷泉的给水方式有下述 4 种。

（1）直流式供水　自来水供水流量在 $2\sim3L/s$ 以内的小型喷泉，可直接由城市自来水供水，使用后的水排入雨水管网，如图 6-20 所示。

（2）离心泵循环供水　为了确保水具有必要的、稳定的压力，同时节约用水，减少开支，对于大型喷泉，一般采用循环供水。循环供水的方式可以设水泵房，如图 6-21 所示。

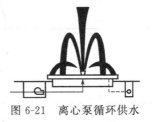

图 6-20　直流式供水　　　　图 6-21　离心泵循环供水

（3）潜水泵循环供水　将潜水泵直接放置于喷水池中较隐蔽处或低处，设水泵房循环供水如图 6-22 所示，也可以直接抽取池水向喷水管及喷头循环供水，用潜水泵循环供水如图 6-23 所示。这种供水方式较为常见，一般多适用于小型喷泉。

图 6-22　设水泵房循环供水　　　　图 6-23　用潜水泵循环供水

（4）高位水体供水　在有条件的地方，可以利用高位的天然水塘、河渠、水库等作为水源向喷泉供水，水用过后排放掉。为了确保喷水池的卫生，大型喷泉还可设专用水泵，以供喷水池水的循环，使水池的水不断流动；并在循环管线中设过滤器和消毒设备，以消除水中的杂物、藻类和病菌，如图 6-24 所示。

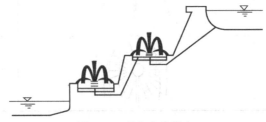

图 6-24　高位水体供水

喷水池的水应定期更换。在园林或其他公共绿地中，喷水池的废水可以和绿地喷灌或地面洒水等结合使用，作为水的二次使用处理。

2. 喷泉管线布置

大型水景工程的管道可布置在专用或共用管沟内。一般水景工程的管道可直接敷设在水池内。为保持各喷头的水压一致，宜采用环状配管或对称配管，并尽量减少水头损失。每个喷头或每组喷头前宜设置调节水压的阀门。对于高射程喷头，喷头前应尽量保持较长的直线管段或设整流器。

喷泉给排水管网主要由进水管、配水管、补充水管、溢流管和泄水管等组成。

（1）由于喷水池中水的蒸发及在喷射过程中有部分水被风吹走等，造成喷水池内水量的损失因此，在水池中应设补充水管。补充水管和城市给水管相连接，并在管上设浮球阀或液位继电器，随时补充池内水量的损失，以保持水位稳定。

（2）为了防止因降雨使池水上涨而设的溢水管，应直接接通雨水管网，并应有不小于3%的坡度，溢水口的设置应尽量隐蔽，在溢水口外应设拦污栅。

（3）泄水管直通雨水管道系统，或与园林湖池、沟渠等连接起来，使喷泉水泄出后作为园林其他水体的补给水；也可供绿地喷灌或地面洒水用，但需另行设计。

（4）在寒冷地区，为防冻害，所有管道均应有一定坡度，一般不小于2%，以便冬季将管道内的水全部排空。

（5）连接喷头水管不能有急剧变化，如有变化，必须使管径逐渐由大变小，另外，在喷头前必须有一段适当长度的直管，管长一般不小于喷头直径的20～30倍，以保持射流稳定。

四、喷泉的水压

喷泉的水压一种是利用自然高差，另一种是利用城市供水提供的压力，还有一种是用水泵加压。前两种，在喷泉设计时首先必须弄清所能提供的最小水压是多少，例如，上游水的最低水位、自来水的最小压力等。然后设计喷水的最高射程和最远射程、水的形态，并结合设计考虑水的流量，选择合适的喷头。

（1）喷头流量的计算公式

$$q = 2\mu F g h \times 10^{-3}$$

式中　q——喷头流量，m^3/s；

　　　F——喷孔横截面积，m^2；

　　　μ——流量系数，参见表6-5；

　　　g——重力加速度，$9.8m/s^2$；

　　　h——喷嘴水压，m。

表 6-5　喷嘴的水力特征

孔和喷嘴的类型	略图	流量系数	备　注
薄壁孔（圆形或方形）		0.62	在水头大于1m时，流量系数减至0.60～0.61；在直径 d 大于 30mm 和水头大于 1m 时，$\mu=0.61$，在小直径及小水头时，采用下列 μ 值：$d=10mm$，$\mu=0.64$；$d=20mm$，$\mu=0.63$；$d=30mm$，$\mu=0.62$
勃恩谢列孔		0.6～0.64	
勃恩谢列孔		0.62	

孔和喷嘴的类型	略图	流量系数	备注
文德利长喷嘴		0.82	在水头大于1m时,流量系数减至0.60~0.61;在直径 d 大于30mm和水头大于1m时, $\mu=0.61$,在小直径及小水头时,采用下列 μ 值:$d=10$mm, $\mu=0.64$;$d=20$mm,$\mu=0.63$;$d=30$mm,$\mu=0.62$
文德利长喷嘴		0.61	
端部伸入水池内的保尔德喷嘴		0.71 0.53	$L=(3\sim4)d$ $L=2d$
圆锥形渐缩喷嘴	$\alpha=5°$ $\alpha=13°$ $\alpha=45°$	0.92 0.875	$L=3d$ $L\leqslant3d$
圆锥形扩张喷嘴		0.48	

注：表内备注中 L 表示相邻喷嘴间的距离,单位为mm。

(2) 喷泉总流量的计算（Q） 计算一个喷泉喷水的总流量,是指在某一时间内,同时工作的各个喷头,喷出的流量之和的最大值。即 $Q=q_1+q_2+\cdots+q_n$。

(3) 管径计算

$$D=\sqrt{\frac{4Q}{\pi v}}$$

式中　D——管径,mm;

　　　Q——总流量,L;

　　　π——圆周率;

　　　v——流速,通常选用0.5~0.6,m/s。

(4) 总扬程计算

$$总扬程＝净扬程＋损失扬程$$

$$损失扬程＝净扬程×（10\%～30\%）$$

五、喷泉管道布置要点

喷泉管道主要由输水管、配水管、补给水管、溢水管和泄水管等组成。现将其布置要点简述如下:

(1) 在小型喷泉中,管道可直接埋在土中。在大型喷泉中,如管道多而复杂时,应将主要管道敷设在能通行人的渠道中,在喷泉的底座下设检查井。只有那些非主要的管道,才可直接敷设在结构物中,或置于水池内。

(2) 为了使喷泉获得等高的射流,喷泉配水管网多采用环形十字供水。

(3) 由于喷水池内水的蒸发及在喷射过程中一部分水被风吹走等造成喷水池内水量的损失,因此,在水池中应设补给水管。补水管和城市给水管连接。并在管上设浮球阀或液位继电器，随时补充池内水量的损失，以保持水位稳定。

（4）为了防止因降雨使池水上涨造成溢流，在池内应设溢水管，直通城市雨水井。并应有不小于 3% 的坡度，在溢水口外应设拦污栅。

（5）为了便于清洗和在不适用的季节把池水全部放完，水池底部应设泄水管，直通城市雨水井，亦可结合绿地喷灌或地面洒水，另行设计。

（6）在寒冷地区，为防止冬季冻害，所有管道均应有一定坡度。一般不小于 2%，以便冬季将管内的水全部排出。

（7）连接喷头的水管不能有急剧的变化。如有变化，必须使水管管径逐渐由大变小，并且在喷头前必须有一段适当长度的直管。一般不小于喷头直径的 20～50 倍，以保持射流的稳定。

（8）对每个或每一组具有相同高度的射流，应有自己的调节设备。通常用阀门或整流圈来调节流量和水头。

六、喷泉的控制

喷泉的控制方法有以下几方面。

（1）手阀控制。这是最常见和最简单的控制方式，在喷泉的供水管上安装手控调节阀，用来调节各管段中水的压力和流量，形成固定的喷水水姿。

（2）继电器控制。通常利用时间继电器按照设计的时间程序控制水泵、电磁阀、彩色灯等的启闭，从而实现可以自动变换的喷水水姿。

（3）音响控制。声控喷泉是用声音来控制喷泉喷水水形变化的一种自控喷泉。它一般由以下几部分组成：

① 声-电转换、放大装置，通常由电子线路或数字电路、计算机等组成；

② 执行机构，通常使用电磁阀；

③ 动力设备，即水泵；

④ 其他设备，主要由管路、过滤器、喷头等组成。

第三节 喷泉的铺筑设施

一、水泵的选择

1. 水泵性能

水泵要做到双满足，即流量满足、扬程满足，为此，先要了解水泵的性能，再结合喷泉水力计算结果，最后确定泵型。通过铭牌能了解水泵的规格及主要性能，见表 6-6。

表 6-6　水泵的规格及主要性能

名称	内　容
水泵型号	按流量、扬程、尺寸等给水泵编号的型号，有新旧两种型号
水泵流量	指水泵在单位时间内的出水量，单位用 m^3/h 或 L/s 表示
水泵扬程	指水泵的总扬水高度

续表

名　称	内　　容
允许吸上真空高度	这是防止水泵在运行时产生汽蚀现象,通过实验而确定的吸水安全高度,其中已留有0.3m的安全距离。该指标表明水泵的吸水能力,是水泵安装高度的依据

通过流量和扬程两个主要因子选择水泵,方法如下。

(1) 确定流量　按喷泉水力计算总流量。

(2) 确定扬程　按喷泉水力计算总扬程。

(3) 选择水泵　水泵的选择应依据所确定的总流量、总扬程,查水泵铭牌即可选定。如喷泉需用两个或两个以上水泵提水时(注:水泵并联,流量增加,压力不变;水泵串联,流量不变,压力增大),用总流量除以水泵数求出每台水泵流量,再利用水泵性能表选泵。查表时,若遇到两种水泵都适用,应优先选择功率小、效率高、叶轮小、重量轻的水泵。

2. 喷泉泵房

泵房是指安装水泵等提水设备的专用构建物,其空间较小,结构比较简单。水泵是否需要修建专用的泵房应根据需要而定。在喷泉工程中,凡采用清水离心泵循环供水的都应设置泵房,凡采用潜水泵循环供水的均不设置泵房。

(1) 泵房的作用

① 保护水泵。泵房是用来给喷泉供水的,水泵应固定且不宜长期暴露于外,否则由于天长日久的风吹雨淋,容易生锈,影响运行。水泵固定在泵房内可防止泥砂、杂物等进入水泵,从而影响转动和降低水泵寿命,甚至损坏水泵。

② 安全需要。水泵多采用三相异步电动机驱动,电动机额定电压为380V。因此,为了安全起见也应将水泵安装在泵房内。潜水泵虽不需设置泵房,但也要将控制开关设于室内,控制箱应安装在离地面1.6m以上安全的地方。

③ 景观需要。喷泉周围环境讲究整洁明快,各种管线不得暴露。为此,应设置泵房或以其他方法掩饰,否则有碍观瞻。

④ 利于管理。在泵房内,各种设备可长期处于配套工作状态,便于操作和检修,给管理带来方便。

(2) 泵房的形式　泵房的形式根据泵房与地面的相对位置可分为地上式、地下式和半地下式3种。

① 地上式泵房。指泵房主体建在地面上,同一般房屋建筑类似,多为砖混结构。因泵房建在喷泉附近,需占用一定面积,影响喷泉景观,故不宜单独设置。一般常与办公房结合,便于管理。若需单独设置时,应控制体积,讲究造型和装饰,尽量与喷泉周围环境协调。地上式泵房具有结构简单、造价低、管理方便的优点,适用于中小型喷泉。

② 地下式泵房。指泵房主体建在地面之下,同地下室建筑类似,多为砖混结构或钢筋混凝土结构,需做防水处理,避免地下水浸入。由于泵房建在地下而不占用地上面积,故不影响喷泉景观。但结构复杂,造价高,管理操作不便。地下式泵房适用于大型喷泉。

③ 半地下式泵房。指泵房主体建在地上与地下之间,兼具地上式和地下式二者的特点,不再重述。

3. 泵房管线布置

（1）动力机械选择　目前，最常用的动力机械是电动机。电动机因其转速与水泵转速较为接近，且为直接传动，效率高，噪声小，管理操作方便，故障小，寿命长。一般水泵生产厂家都为水泵配套安装了电动机，故可免去选购的烦恼。

（2）管线布置　为了保证喷泉安全可靠地运行，泵房内的各种管线应布置合理、调控有效、操作方便、易于管理。一般泵房管线系统布置中与水泵相连接的管道有吸水管和出水管。吸水管是指喷水池至水泵间的管道，其作用是将水从水池中吸入水泵，并设闸阀控制。出水管是指水泵至分水器之间的管道，设闸阀控制。为了防止喷水池中水倒流，需在出水管上闸阀后安装逆止阀，其作用是只允许水沿出水管正向流出，当水泵停止工作水沿出水管反向流回时，逆止阀自动关闭，防止倒流，以保持喷水池中水位。分水器的作用是将出水管的有压水分成几路（由设计确定），通过供水管送至喷水池中供喷水用。为了调节供水的水量和水压，应在每条供水管送至喷水池中供喷水用。为了调节供水的水量和水压，应在每条供水管上安装闸阀控制。由于季节所限，当喷泉停止运行时，为了防止管道冻坏，需将供水管内存水排除。一般在泵房内供水管最低处设置回水管，接入泵房内下水池中排除，通过截止阀控制。

为了便于操作和管理，为喷水池补水的补水管（给水管）也可经过泵房截止阀控制。为了防止泵房内地面积水，应设置地漏排除积水。此外，泵房内还应设置供电及电气控制系统，保证水泵、灯具和音响的正常工作。

4. 阀门井

（1）给水阀门井　喷泉用水一般由自来水供给。当水源引入喷泉附近时，应在给水管道上设置给水阀门井。给水阀门井内安装截止阀控制，根据给水需要，可随时开启和关闭，便于操作。

给水阀门井一般为砖砌圆形，由井底、井身和井盖组成。井底一般采用 C10 混凝土垫层，井底内径不小于 1.2m（考虑下人操作）；井身采用 100 号红砖 M5.0 水泥砂浆砌筑，井深不小于 1.8m（考虑人员站立高度），井壁应逐渐向上收拢，且一侧应为直壁，便于设置铁爬梯上下。有地下水侵入时，应做防水处理。井口圆形，直径为 600mm 或 700mm。井盖采用成品铸铁井盖（含井底）。

（2）排水阀门井　排水阀门的作用是连接由水池引出的泄水管和溢水管在井水内交汇，然后再排入下水管网。为了便于控制，在泄水管道上应安装闸阀，溢水管应接于阀后，确保溢水管排水通畅。

5. 喷水的自控设备

作为喷泉水的自控设备，一般由电磁阀来完成。电磁阀是由电信号来控制管路通断的阀门。作为喷泉喷水的自控装置，首先选用电磁阀来实现。当电磁阀接受了控制设备所发出的脉冲信号指令后，它就能自动启闭。因此，它能控制管路的通断。

电磁阀的种类很多，广泛应用于各种自动控制系统中。这里以 zcT—A 系列（旧型号 DFJ 系列）为例，作一简单介绍。这种电磁阀由电磁铁、阀盖、先导口、节流口、橡胶膜片和阀体等组成。其构造如图 6-25 所示。

电磁阀工作原理如下：电磁阀在断电时处于关闭状态，此时靠作用在橡胶膜上腔的工作介质的压力，使阀体保持良好的密封。当线圈充电后，即形成磁场，在磁力的作用下，吸起

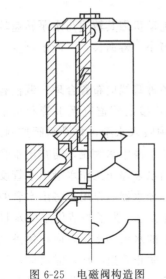

图 6-25　电磁阀构造图

铁芯，打开先导阀门。由于进口端的节流，及节流孔小于先导阀门，使上部压力减小，造成压差，这时将主阀口放开，形成通路。断电时铁芯在弹簧的作用下，又自行复位，将阀口关闭。这样电磁阀控制了水路的开闭，从而使各组喷头按照设计师预先编排的程序，喷射出各种奇异的水花。电磁阀应注意的事项如下。

① 电磁阀应沿水平方向垂直安装。安装时要注意阀体上的箭头方向与介质的流向一致。

② 为了保证电磁阀的动作可靠，最后在阀的管路上安装旁路装置（如图 6-26 所示）。

③ 电磁阀应安装在环境温度大于 60℃、相对湿度低于 85％的场所。因此，自控喷泉的水泵房应特别注意地面排水和房内通风，以保持室内的干燥。

④ 为了避免管道系统内的杂质进入电磁阀内部，应在阀前安装一个过滤器，否则不能保证电磁阀的密封及其动作可靠性。选用电磁阀时，应根据喷泉管道的公称直径、电源电压、工作压力等进行选择。

另外，也可以选择启动阀来控制管路的开闭。

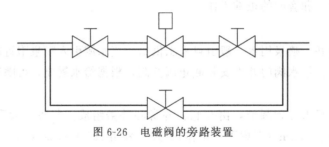

图 6-26　电磁阀的旁路装置

二、喷水系统的过滤装置

在使用循环供水的喷泉中，为了清除污垢、藻类及泥沙等，在喷水系统中，应设置过滤装置，以保证池水的清洁，并为电磁阀、喷头等的可靠工作创造一个良好的环境。在喷泉的过滤系统中，一般应包括设在水泵底阀外的过滤网和装在水泵进口前的除污器。在一些特殊的场合，还可设水的净化、消毒等装置。现将常用的过滤装置介绍如下。

（1）网式过滤器。网式过滤器是一种最简单有效、使用广泛的过滤装置，其构造如图 6-27 所示。这种过滤器的外壳和过滤网都是圆柱形，滤网共有两层，由塑料或铜做成。各孔眼的大小和它的总面积决定了它的效率和使用条件。一般地说，滤网每平方厘米面积上的孔数不少于 30 个，有效过滤面积（过滤孔的总面积）不小于进水管断面的 2.5 倍。这种过滤器对除去水中极细的泥沙是有效的，但很容易被水中的藻类或其他有机质堵塞。因此，需要定期进行冲洗。或者当水流通过滤器时，水的压力降低 2m，也应进行冲洗。冲洗的方式可以用人工清洗或用自动冲洗装置。

（2）当水质中含有泥沙时，用网式过滤器很容易淤塞，这时用砾料层式过滤器较为合适。在喷水系统中选用的过滤器的大小与喷泉的喷水水量有关。这种过滤器的外壳是一个金属罐，在盖顶上有调压阀，罐内有滤网、滤料等。水由上部注入，过滤后由罐底阀门流出。为了防止微生物、病菌等侵入，还可在过滤的同时，加放一些消毒的药品，以保证水质的卫生。砾料层式过滤器的构造如图 6-28 所示。

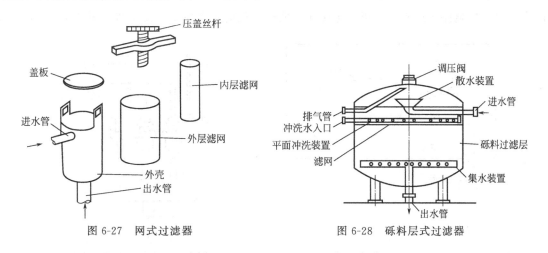

图 6-27　网式过滤器　　　　　　图 6-28　砾料层式过滤器

这种过滤器的面积，按照喷水池面积的大小而定，一般每 $100m^2$ 水池面积，要有 $0.3\sim0.4m^2$ 的过滤器面积。而高速过滤器每 $100m^2$ 的喷水池面积，能过滤的水量约为 $15m^2/h$。

关于药品的投放，要注意观察水质的变化情况，定期取样化验。一般要求水的 pH 值为中性（6.8～7.0 之间），如碱性过高易生青苔，如酸性过高，则易腐蚀管路系统的各种设备。因此应根据水质的情况，适量地加入药品，如次氯酸钠溶液等，以防止水中微生物的滋长，保持水的卫生。

（3）沉沙池。如果喷泉用水的水质较差，为排除大量泥沙，可在喷水池附近设地下沉沙池，使经过沉淀后的清水再供喷泉使用。

三、喷水池水位的自控装置

在喷水池内，由于蒸发和在喷水的过程中，一部分水被风吹出池外等原因，使喷水池内的水不断减少，故应设置补充供水的设备。在一般喷水池中将供水管引入水池、设闸阀，根据需要由人工控制补充给水。在自控喷泉中，可采用浮球阀或液位继电器，自动补充供水，以保持喷水池水位的稳定。

（1）浮球阀　浮球阀是喷泉、屋顶水箱、蓄水池等供水管路中常用的一种阀门，是依靠水位变化而自动控制管路水流的开关。它由浮球、阀杆、胶皮柱塞等组成，其构造如图 6-29所示。其工作原理是，当水位下降到设计低水位线时，浮球靠自重下落，打开水路。这时水池的水位上升，对浮球产生负托力，靠阀杆的杠杆作用，将力放大并转给胶皮柱塞，当水位上升到要求水位时，胶皮柱塞刚好将管路封闭，停止供水。这种规格阀门的管径为 15～100mm。当管径增大时，要求有相当大的推力才能使管路封闭，因此不得不延长阀杆。为了不影响景观效果，在喷水池中使用这种阀门时，应将其安装在隐蔽的地方。

另外，只有当发阀前管路的水压力小于浮球的柱塞压力时，方能保持自闭。因此，不能过分信赖它的自闭性能。

（2）液位继电器　继电器是自动控制电路中经常使用的一种器件。现在继电器的种类、规格已有一百万种以上，专门用在自动控制方面的继电器有二十多万种。在喷水池中使用的液位继电器，其工作原理是利用被控水面高度的变化，驱动感受元件使继电器的触头开启或闭合，以完成电路的通断，再指示电磁阀来实现水位的定值控制。其构造如图 6-30 所示。

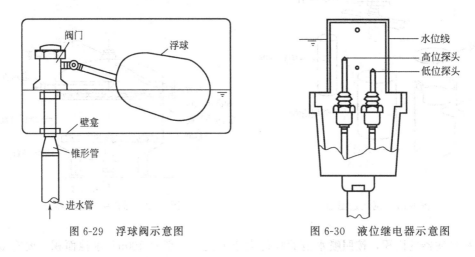

图 6-29　浮球阀示意图　　　　　　　图 6-30　液位继电器示意图

第四节　喷泉水实例分析

深圳市会议展览中心集展览、回忆、商务于一体，是一座大型现代化、智能化的深圳最大单体建筑。其中心广场水景设计气势磅礴，感官宏大。整个概念设计由德国 GMP 建筑师和工程师公司提供，施工设计由中国建筑东北设计研究院完成。

一、概念设计

中心广场由大理石铺装而成：以中心轴为对称，每边有 4 个喷泉水池，3 个阶梯瀑布，1 个大瀑布；如图 6-31 所示为中心广场平面布置图。

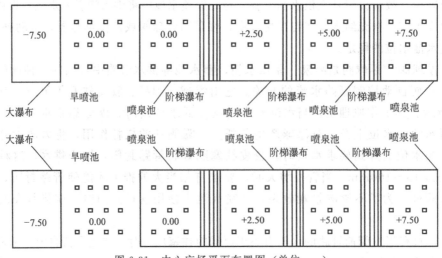

图 6-31　中心广场平面布置图（单位：m）

（1）喷泉水池　每个水池中有九个 1.5m×1.5m×0.5m 的不锈钢槽，间距 6m，每个盆设 1～2 个喷头，喷水形成直径 10～12cm、高 0～7.5m 的水柱；水柱以自动化程序控制形成无极变化。平面布置如图 6-32 所示。不锈钢槽上铺 4 块大理石（0.75m×0.75m），每块大理石镶嵌 1 盏水下彩灯，灯色不一，可控制形成变化。不锈钢槽布置如图 6-33 所示。

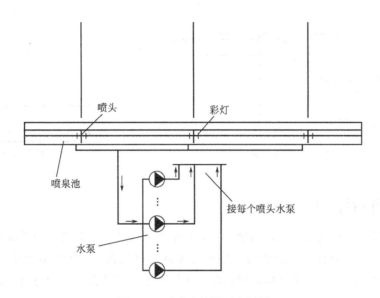

图 6-32　喷泉水池平面布置图

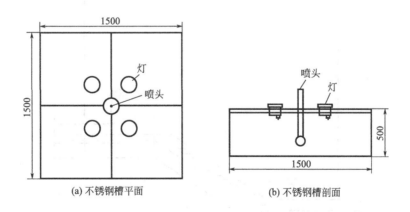

图 6-33　不锈钢槽布置图（单位：mm）

（2）阶梯瀑布　瀑布长 18m，沿 15 个台阶（每阶高 156mm）顺流下跌，水厚 2cm，设壁灯辉映水体，剖面布置如图 6-34 所示。

（3）旱喷　每个水池中有 12 个 1.5m×1.5m×0.5m 的不锈钢槽，其余要求同喷泉水池。

（4）大瀑布　大瀑布长 18m，跌水高度 7.5m，形成滔天气势。配以水下灯及侧壁投射灯，形成浑然一体的感觉。配电 360kW。剖面布置如图 6-35 所示。

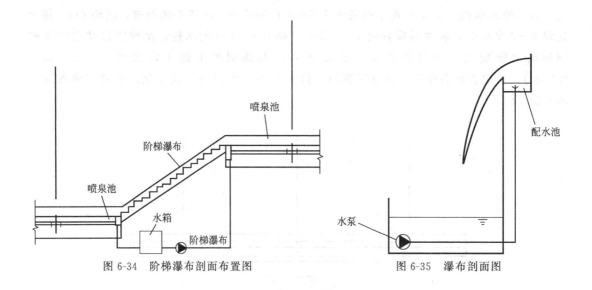

图 6-34 阶梯瀑布剖面布置图   图 6-35 瀑布剖面图

二、国内流行设计

按照现在国内比较成熟、流行的做法，在每个喷水区的下一阶喷泉池设置潜水泵供喷头喷水，水从水池沿阶梯流下，回到喷泉池形成循环。然后接入 380V 电源供应水泵与水下灯。此种设计施工简单，造价低廉，但强电与水体相连，可能会产生瞬时漏电。局部剖面布置如图 6-36 所示。

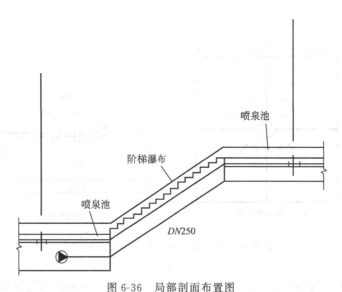

图 6-36 局部剖面布置图

1. 概念设计

以概念设计思想为根据，进行以下设计。

(1) 喷泉区 要求形成直径 10~12cm、高 0~7.5m 的水柱，且使水柱保持水形不散落，保证壮观的气势；选择 DN50 集束喷头，水盘直径 16cm，水量 40m³/h，水头损失 20m（含喷头损失、空气阻力损失，技术参数阅博李公司 DN50 集束喷头技术参数；由于喷头设计没有统一的标准，各个厂家生产的喷头规格差异较大，因此《建筑给排水设计手册》中提供的参数仅能作为参考）。

每个水池水泵排水量为

$$Q_1 = 40 \times 9 = 360 \, (m^3/h)$$

水泵出水管选择 $DN200$（$v = 2.0 \, m/s$），喷头喷水管口径 $DN150$（为确保水流分配均匀）。水泵扬程（H）＝管道损失＋h＋高差＝30m 和 35m；

由于每个水池本身相当于蓄水池，因此不设水箱，直接从水池抽水再送回水池，水泵回水管管径（校核回流时间后）选 $DN300$ 和 $DN350$（根据管线长短进行区别）。

（2）阶梯瀑布 为满足人文合一的思想，使水景成为短暂嬉戏的场所，所有水泵使用管道泵，将水泵设置在机房，并采用低压水下灯，变压器置于池外，使所有强电与水完全分离。

将水泵设置在机房，就使得阶梯瀑布需要设置水箱来作为蓄水空间。阶梯瀑布长 18m，沿 15 个台阶（每阶高 156mm）顺流下跌，水厚 2cm，由于这一边界条件，满足矩形堰模型；因此阶段瀑布泵水量为

$$Q = 18 \times 3.6 \times C \times H_0^{3/2} = 18 \times 3.6 \times 1992.9 \times 0.02^{3/2} = 365 \, (m^3/h)$$

水泵出水管 $DN200$（$v = 2.0 \, m/s$），水泵回水管管径（校核回流时间后）选 $DN300$ 和 $DN350$。水泵扬程 H＝管道损失＋高差＝12（m）。

水箱体积 V＝自水泵抽水到水回到水箱所需时间×水泵流量＋太阳蒸发量＋3m^3（水箱余量）＝25m^3 和 30m^3。

水箱的设置使得回水管上必须设置电动阀门。

① 回水管与水池相通，当下雨时，按最大暴雨强度 260mm 计算，每小时将有 30m^2。雨水随回水管路汇入水箱，但水箱不可能设置 $DN300$ 溢流管以及排水干管 $DN50$，无法及时排除雨水；

② 正常工作时，水泵自水箱抽水，补水管即开始补水，以弥补太阳蒸发，但是很快便会达到饱和水位，形成动态平衡。当关泵时，水就会随回水管汇入水箱，如水箱剩余空间不够或不能及时排水时，水箱有可能被淹没。因此设置电动阀，泵开阀开，泵关阀关。

选择低压水下灯（24V），由于每个水池中每个喷头的间距为 6m，为使每个灯的亮度一致，从变压器至每个灯的电缆长度相同；由于没有真正的水下变电器（国内多使用在变压器内灌注变压器油，作为防水变压器），为避免瞬间漏电的发生，将变压器置于池外，则有大量的电缆要穿越水池，防水好坏便成了巨大隐患。为解决此问题，先将穿线预埋套管和穿线管之间按照《规范》添堵，并在线管口做异径管灌注石蜡，确保每根电缆之间石蜡分布均匀，电缆总面积为异径管大头口面积的 1/4 左右，达到防水要求。

（3）旱喷区 旱喷区域与喷泉相同，只是旱喷区域无蓄水空间，在底下设置机房并设水箱。上水管 $DN250$，下水管 $DN350$。为保证水喷出之后能够迅速回流水及水不散失，在喷泉区周围做一圈回水沟，以免水散失致使水箱补水不及时，水泵无水可抽。

（4）大瀑布 大瀑布长 18m，跌水高度 7.5m，为形成滔天气势，配置水量 1000m^3/h，达到 55m^3/（h•m），设置 4 台 260m^3/h、$H = 15m$ 的潜水泵。为便于配水及分流，采用 4 根 $DN200$ 管道为瀑布供水。

2. 实际设计

遵循以人为本的思想，强电与水分离。

(1) 喷泉区　为形成高 0～7.5m 的水柱，选择 $DN50$ 掺气喷头，出水口直径 18mm，水量 $Q=147m^3/h$，水头损失 $h=14m$（含喷头损失），每个水池水泵水量为 $14×9=126m^3/h$，则水泵出水管选择 $DN100$（$v=2.0m/s$），喷头配水管口径 $DN100$（为确保水流分配均匀）。水泵扬程（H）＝管道损失＋h＋高差＝24（m）；直接从水池抽水再送回水池，水泵回水管管径（校核回流时间后）选 $DN150$；由于水量配置较小，工程完工后只形成直径 2～3cm 的水柱，喷高在 5.5～7.5m 之间。

(2) 阶梯瀑布　泵水量配置为 $180m^3/h$；水泵出水管选择 $DN150$（$v=2.0m/s$），水泵回水管选 $DN200$；水泵扬程（H）＝管道损失＋高程＝17（m）。

由于水量配置较小，工程完工后水厚只有 5mm。水箱体积 $V=10m^3$（自水泵抽水到水箱所需时间×水泵流量＋太阳蒸发量）。

(3) 旱喷区　旱喷区与喷泉相同。由于未在喷泉区周围做一圈回水沟，致使水喷出之后大部分散失，水箱补水管补水不足，水泵很快无水可抽，被迫将喷水高度由 7.5m 降到 0.3～1.5m。

(4) 大瀑布　配置水量 $1000m^3/h$；采用 4 根 $DN200$ 管道为瀑布供水，见表6-7。

表 6-7　大瀑布设计内容

名称	景观效果	景观气势	安全级别	造价/万元	耗电量/kW	性价比
概念设计	喷高 7.5m	宏大壮观 水柱饱满	不会漏电	300	720	差
设计者设计	喷高 7.5m	宏大壮观 水柱饱满	可能漏电	80	360	好
国内流行设计	喷高 7.5m	宏大壮观 水柱饱满	不会漏电	280	660	好
实际设计	喷高 5.5～7.5m	宏大壮观 水柱汽化	不会漏电	240	410	差

第七章

驳岸及护坡设计与施工

第一节　驳岸设计

园林中的各种水体需要有稳定、美观的岸线，并使陆地与水面之间保持一定的比例关系，防止因水岸坍塌而影响水体，因而在水体的边缘修筑驳岸或进行护坡处理。

驳岸是一面临水的挡土墙，是支持陆地和防止岸壁坍塌的水工构筑物。

驳岸用来维系陆地与水面的界限，使其保持一定的比例关系。驳岸是正面临水的挡土墙，用来支撑墙后的陆地土壤。如果水际边缘不做驳岸处理，就很容易因为水的浮托、冻胀或风浪淘刷而使岸壁坍塌，导致陆地后退，岸线变形，影响园林景观。

驳岸能保证水体岸坡不受冲刷。通常水体岸坡受冲刷的程度取决于水面的大小、水位高低、风速及岸土的密实程度等。当这些因素达到一定程度时，如水体岸坡不做工程处理，岸坡将失去稳定，而造成破坏。因而，要沿岸线设计驳岸以保证水体坡岸不受冲刷。

驳岸还可以强化岸线的景观层次。驳岸除具有支撑和防冲刷作用之外，还可以通过不同的形式处理，增加驳岸的变化，丰富水景的立面层次，增强景观的艺术效果。

一、驳岸的结构

1. 常见的驳岸的结构

① 砌石类驳岸。砌石类驳岸是指在天然地基上直接砌筑的驳岸，埋设深度不大，但基址坚实稳固。如石驳岸中的虎皮石驳岸、条石驳岸、假山石驳岸等。此类驳岸的选择应根据基址条件和水景景观要求确定，既可处理成规则式，也可做成自然式。

如果水体水位变化较大，即雨季水位很高，平时水位很低，为了岸线景观起见，则将岸壁迎水面做成台阶状，以适应水位的升降。

驳岸施工前应进行现场调查，了解岸线地质及有关情况，为施工时作参考。

② 桩基类驳岸。桩基是我国古老的水工基础做法（如图7-1所示），在水利建设中得到广泛应用，直至现在仍是常用的一种水工地基处理手法。当地表面为松土层且下层为坚实土层或基岩时最宜用桩基。其特点是：基岩或坚实土层位于松土层下，桩尖打下去，通过桩尖将上部负荷传给下面的基岩后坚实土层；若桩基打不到基岩，则利用摩擦桩，借摩擦桩侧表面与泥土间的摩擦力将荷载传到周围的土层中，可达到控制深陷的目的。

③ 竹篱驳岸、板墙驳岸。竹桩、板桩驳岸是另一种类型的桩基驳岸（如图7-2所示）。驳岸打桩后，基础上部临水面墙身由竹篱片或板片镶嵌而成，适于临时性驳岸。竹篱驳岸造价低廉、取材容易，施工简单，工期短，能使用一定年限，凡盛产竹子，如毛竹、大头竹、勒竹、撑篙竹的地方都可采用。施工时，竹桩、竹篱要涂上一层柏油，目的是防腐。竹桩顶

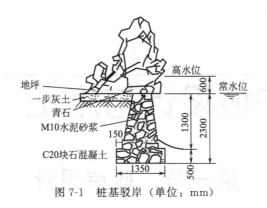

图 7-1　桩基驳岸（单位：mm）

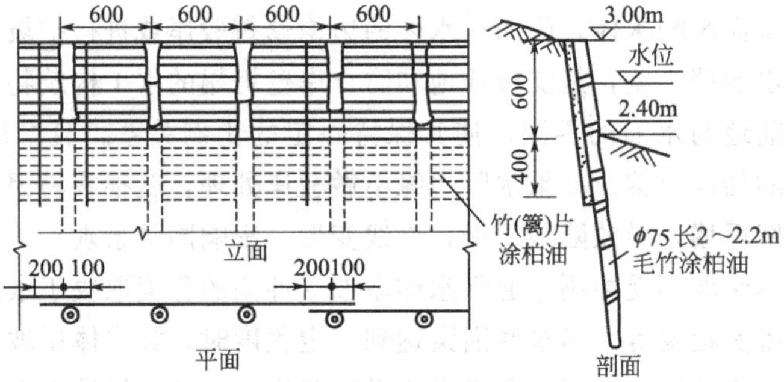

图 7-2　竹篱驳岸（单位：mm）

端由竹节处截断以防雨水积聚，竹片镶嵌直顺、紧密、牢固。

由于竹篱缝很难做得严实，这种驳岸不耐风吹浪击、淘刷和游船撞击，岸土很容易被风浪淘刷，造成岸篱分开，最终失去护岸功能。因此，此类驳岸适用于风浪小，岸壁要求不高，土壤较黏的临时性护岸地段。

2. 驳岸的作用

驳岸可以防止因冬季冻胀、风浪淘刷、超重荷载而导致的岸边塌陷，对维持水体稳定起着重要作用，并构成园景、岸坡之顶，可为水边游览道提供用地空间。游览道临水而设，有利于拉近人与水景的距离，提高水景的亲和性。在水边游览道上，可以观赏水景，可以散步，还可以在岸边园椅上休息。而水体驳岸工程的兴建，正是发挥这种游览道功能的有效保障。同时，岸坡也属于园林水景构成要素的一部分。

3. 驳岸的材料要求

林中常见的驳岸材料有花岗石、虎皮石、青石、浆砌块石、毛竹、混凝土、木材、碎石、钢筋、碎砖、碎混凝土块等。

桩基材料有木桩、石桩、灰土桩和混凝土桩、竹桩、板桩等。

（1）木桩　要求耐腐、耐湿、坚固、无虫蛀，如柏木、松木、橡树、榆木、杉木等。桩木的规格取决于驳岸的要求和地基的土质情况，一般直径 10～15cm，长 1～2m，弯曲度（d/l）小于 1%。

（2）灰土桩　适用于岸坡水淹频繁而木桩又容易腐蚀的地方。混凝土桩坚固耐久，但投资比木桩大。

（3）竹桩、板桩　竹篱驳岸造价低廉，取材容易，如毛竹、大头竹、勒竹、撑篙竹等均可采用。

4. 破坏驳岸的主要因素

了解破坏驳岸的因素，有利于我们在设计时就采取措施，防止和减少破坏。驳岸可分成湖底以下基础部分、最低水位线以下部分、最低水位与最高水位线之间的部分及最高的水位线以上部分，如图7-3所示。破坏驳岸的主要因素见表7-1。

图 7-3　驳岸的简易结构

表 7-1　破坏驳岸的主要因素

序号	项目	内　　容
1	地基不稳下沉	由于湖底地基承载力与岸顶荷载不相适应而造成均匀或不均匀沉陷，使驳岸出现纵向裂缝，甚至局部塌陷。在冰冻地带湖水不深的情况下，可由于冻胀而引起地基变形。如果以木桩做桩基，则因桩基腐烂而下沉。在地下水位较高处则因地下水的托浮力影响地基的稳定
2	湖水浸渗冬季冻胀力的影响	从常水位线至湖底被常年淹没的层段，其破坏因素是湖水浸渗。我国北方地区冬季天气较寒冷，因水渗入岸坡中，冻胀后便使岸坡断裂。湖面的冰冻也在冻胀力作用下，对常水位以下的岸坡产生推挤力，把岸坡向上、向外推挤，而岸壁后土体产生的冻胀力又将岸壁向下、向里挤压，这样，便造成岸坡的倾斜或移位。因此，在岸坡的结构设计中，主要应减少冻胀力对岸坡的破坏作用
3	风浪的冲刷与风化	常水位至最高水位这一部分经受周期性的淹没，如果水位变化频繁则也会对驳岸造成冲刷腐蚀的破坏。最高水位以上不淹没的部分主要是受浪激、日晒和风化侵蚀
4	岸坡顶部受压影响	岸坡顶部可因超重荷载和地面水冲刷而遭到破坏。另外，由于岸坡下部被破坏也将导致上部的连锁破坏

二、驳岸的设计

1. 驳岸的平面位置确定

驳岸的平面位置可在平面图上以造景要求确定。技术设计图上，以常水位显示水面位置。整形驳岸，岸顶宽度一般为30～50cm。如果设计驳岸与地面成一个小于90°的角，那么可根据倾斜度和岸顶高程求出驳岸线的平面位置。

2. 驳岸的高程确定

岸顶的高程应比最高水位高出一段距离，以保证水体不致因风浪冲涌而上岸，应高出的距离与当地风浪大小有关，一般高出 25~100cm。水面大，风大时，可高出 50~100cm；反之，则小一些。从造景的角度讲，深潭边的驳岸要求高一些，显出假山石的外形之美；而水浅的地方，驳岸可低一些，以便水体回落后露出一些滩涂与之相协调。为了最大限度地节约资金，在人迹罕至，但地下水位高、岸边地形较平坦的湖边，驳岸高程可以比常水位略高一些。

3. 驳岸的横断面设计

驳岸的横断面图是反映其材料、结构和尺寸的设计图。驳岸的基本结构从下到上依次为基础、墙体、压顶。由于压顶的材料不同，驳岸又分为以下两种类型。

（1）规则式驳岸指用砖、石、混凝土砌筑的比较规整的驳岸，如常见的重力式驳岸、半重力式驳岸和扶壁式驳岸等（如图 7-4 所示），园林中用的驳岸以重力式驳岸为主，要求较好的砌筑材料和施工技术。这类驳岸简洁明快，耐冲刷，但缺少变化。

图 7-4 规则式驳岸

（2）自然式驳岸指外观无固定形状或规格的岸坡处理，如常见的假山石驳岸、卵石驳岸、仿树桩驳岸等，这种驳岸自然亲切，景观效果好，如图 7-5 所示。

（3）混合式驳岸结合了规则式驳岸和自然式驳岸的特点，一般用毛石砌墙，自然山石封顶，园林工程中也较为常用。

4. 常见的几种驳岸变化

（1）为与周围环境协调、格调一致，驳岸的墙体临水面，做塑竹、塑石、塑圆木等，压顶也可做成圆木截面等。

（2）在常水位与最高水位相差较大，而最高水位维持时间较短时，可做阶梯形驳岸。

（3）水生植物种植池中，由于植物对水深的要求不一致，要设计出不同深度的水池。可以在池中，用毛石砌成驳岸形式的墙体（但墙顶不超过水面），与池壁组成可填种植土的空间，以适应植物生长。

图 7-5　自然式驳岸

三、驳岸设计实例分析

1. 某公园东堤与后溪河的驳岸

某公园的驳岸有两种：即湖东堤的条石驳岸和后溪河的山石驳岸。由于湖面辽阔、风流较大，东堤相当于截水坝。因东堤外地面高程低于湖常水位高程，鉴于这一带建筑布局都是整形式，故采用花岗岩做的条石驳岸。其外观整洁，坚固耐用，但造价昂贵。

如图 7-6(a) 所示为条石驳岸断面结构图。由于湖面大、风浪高，因此驳岸顶比最高水

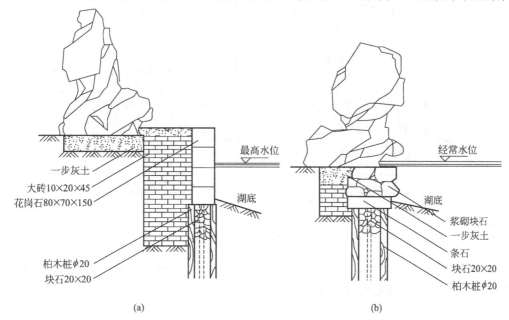

一步灰土
大砖10×20×45
花岗石80×70×150

最高水位

湖底

柏木桩φ20
块石20×20

(a)

经常水位

湖底

浆砌块石
一步灰土
条石
块石20×20
柏木桩φ20

(b)

图 7-6　某公园驳岸横断面图（单位：mm）

位高出 1m 多。一般情况下水不上岸。但风浪特大时，在东堤还有风浪拍到岸顶以上。条石驳岸自湖底至岸顶为 1.7～2.0m。因为驳岸自重很大而湖底又有淤泥层或流沙层，因此湖底以下采取柏木桩基。桩呈梅花形排列，又称梅花桩。采用直径在 10cm 以上的圆柏木，长 1.6～1.7m，以打至坚实层为度。桩距约 20cm。桩间填以石块以稳定木桩，桩顶浆砌条石。桩基为我国古老的水工基础做法，直到现代还是应用广泛的一种水工地基处理。桩的作用是通过桩尖把上面的荷载传送到湖底下面的坚实土层上去，或者是借木桩侧表面与泥土间的摩擦力将荷载传送到桩周围的土层中，以达到控制沉陷和防止不均匀沉陷的目的。在地基表面为不太厚的软土层而下层为坚实土层的情况下最宜使用桩基。桩木要选择坚固、耐湿、无虫蛀、未腐朽的木材作桩材，如柏木、杉木等。桩距为桩径 2～3 倍。必要时桩的排数还可酌情增加。此驳岸的向陆面为大城砖，主要防止水上层冰冻后向岸壁推压，同时也减少沿岸地面下积水（有积水才产生冻胀）。从使用的实际情况看是很好的，只是局部有所损坏。

如图 7-6(b) 所示，是后溪河山石驳岸的横断面结构图。其柏木桩基同条石驳岸，只是后面城砖宽度为 50cm 左右。桩基顶面用条石压顶，条石上面浆砌块石。在常水位以下一点开始接以自然山石，常水位以上所见便都是山石外观。后溪河幽曲自然，配以山石驳岸与山景相称，与山脚衔接自然。山石驳岸还可滞留地面径流中的泥沙。山石驳岸又可与岸边置石、假山融为一体，时而扩展为泄山洪的喇叭口，时而成峡、成洞、出矶，增加自然山水景观的变化。

2. 某公园的驳岸设计

如图 7-7～图 7-10 所示为某公园的驳岸设计不同区段的结构形式图。

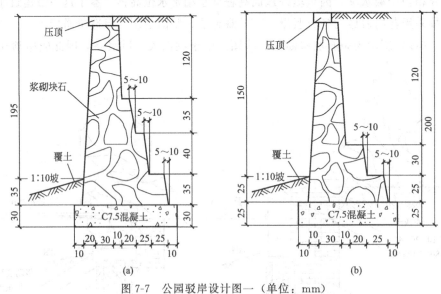

图 7-7　公园驳岸设计图一（单位：mm）

公园的驳岸在全园驳岸线上递次了 28 个断面，每两个断面之间为一个区间，全园共划分为 25 个区间，根据原有地形条件、土质和设计要求这 25 个区间可概括为 7 种驳岸断面类型。

其驳岸设计的特点是当它下面的土壤被冲刷时，沉褥随之下降，坡岸下部可以随之得到

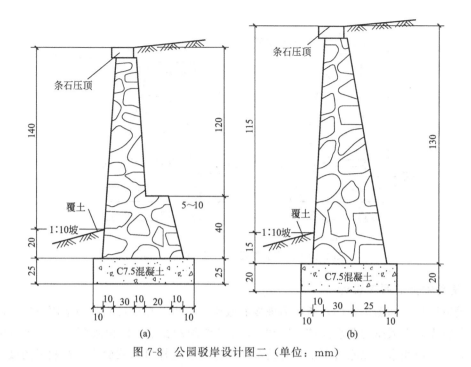

图 7-8 公园驳岸设计图二（单位：mm）

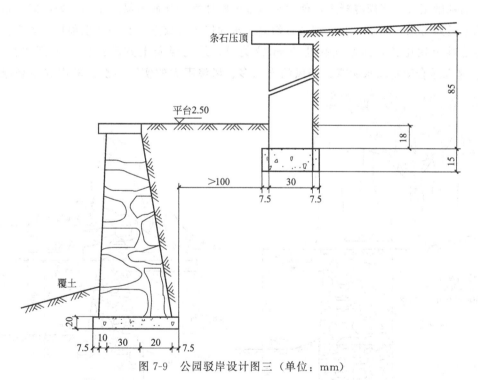

图 7-9 公园驳岸设计图三（单位：mm）

保护。对水流速度不大、坡岸坡度平缓、硬层较浅的岸坡的水下部分较为适宜。同时，可利用沉褥以减少山石对基层土壤的压强，减少驳岸的不均匀沉陷。沉褥的宽度一般约为 2m，可以增减，厚度为 30～75cm，块石层厚度约为柴排厚的 1/3，沉褥上沿应设于最低水位线以下。柴排用条柴编成网状，交叉点用藤条或浸涂焦石的绳子绑扎。

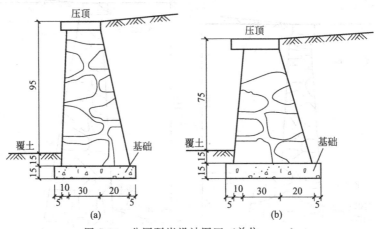

图 7-10 公园驳岸设计图四（单位：mm）

3. 某动物园的驳岸设计

某动物园驳岸如图 7-11(a) 所示为虎皮石驳岸。这也是在现代园林中运用较广泛的驳岸类型。其特点是在驳岸的背水面铺了宽约 50cm 的级配砂石带。因为级配砂石间多空隙，排水良好，即使有积水，冰冻后有空隙容纳冻后膨胀力。这样可以减少冻土对驳岸的破坏。湖底以下的基础用块石浇灌混凝土，使驳岸地基的整体性加强而不易产生不均匀沉陷。这种块石在当地近郊可采。基础以上浆砌块石勾缝。水面以上形成虎皮石外观也很朴素大方。岸顶用预制混凝土块压顶，向水面挑出 5cm 较美观。预制混凝土方砖顶面高出高水位 30～40cm。这也适合动物园水面窄、挡风的土山多、风浪不大的实际情况。驳岸并不是绝对与

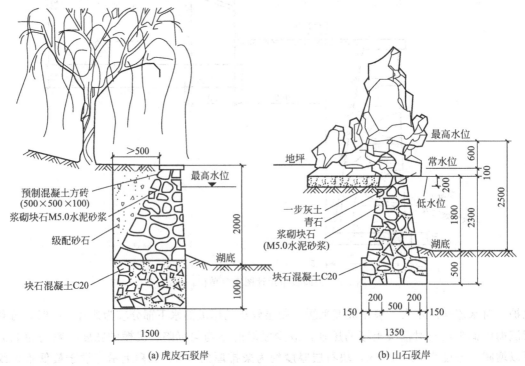

图 7-11 某动物园驳岸图（单位：mm）

水平面垂直的，可有 1∶10 的倾斜。每间隔 15cm 设以适应因气温变化造成的热胀冷缩。伸缩缝用涂有防腐剂的木板条嵌入而上表略低于虎皮石墙面，缝处以水泥砂浆勾缝就不显了。虎皮石缝宽度以 2～3cm 为宜。石缝有凹缝、平缝和凸缝等不同做法。

如图 7-11（b）所示为山石驳岸，采用当地近郊产的青石。低水位以下用浆砌块石，造价较低而且实用。

第二节　护坡设计

一、常见护坡类型

护坡在园林工程中得到广泛应用，能产生自然、亲水的效果。护坡方法的选择应依据坡岸用途、构景透视效果、水岸地质状况和水流冲刷程度而定。目前常见的方法有铺石护坡、灌木护坡和草皮护坡。

1. 铺石护坡

当坡岸较陡、风浪较大或者因造景需要时，可采用铺石护坡。铺石护坡由于施工容易，抗冲刷力强，经久耐用，护岸效果好，还能因地造景，灵活随意，是园林常见的护坡形式。护坡石料要求吸水率低（不超过 1%）、密度大（大于 $2t/m^3$）和较强的抗冻性，如石灰岩、砂岩、花岗石等岩石，以块径 18～25cm、长宽比 1∶2 的长方形石料最佳。

铺石护坡的坡面应根据水位和土壤状况确定，一般常水位以下部分坡面的坡度小于 1∶4，常水位以上部分采用 1∶（1.5～5）。

施工方法如下：首先把坡岸平整好，并在最下部挖一条梯形沟槽，槽沟宽 40～50cm，深 50～60cm。铺石以前先将垫层铺好，垫层的卵石或碎石要求大小一致，厚度均匀，铺石时由下至上铺设。下部要选用大块的石料，以增加护坡的稳定性。铺时石块摆成丁字形，与岸坡平行，一行一行往上铺，石块与石块之间要紧密相贴，如有突出的棱角，应用铁锤将其敲掉。铺后检查一下质量，即当人在铺石上行走时铺石是否移动，如果不移动，则施工质量合乎要求。下一步就是用碎石嵌铺石缝隙，再将铺石夯实即成。

2. 灌木护坡

灌木护坡较适于大水面平缓的坡岸。由于灌木有韧性，根系盘结，不怕水淹，能耐弱风浪冲击力，减少地表冲刷，因而护岸效果较好。护坡灌木要具备速生、根系发达、耐水湿、株矮常绿等特点，可选择沼泽生植物护坡。施工时可直播、可植苗，但要求较大的种植密度。若因景观需要，强化天际线变化，可适量植草和乔木。

3. 草皮护坡

草皮护坡适于坡度在 1∶（5～20）之间的湖岸缓坡（如图 7-12 所示）。护坡草种要求耐水湿，根系发达，生长快，生存力强，如假俭草、狗牙根等。护坡做法按坡面具体条件而定，如原坡面有杂草生长，可直接利用杂草护坡，但要求美观。也有直接在坡面上播草种，加盖塑料薄膜，或先在正方砖、六角砖上种草，然后用竹签四角固定作护坡。最为常见的是块状或带状种草护坡，铺草时沿坡面自下而上呈网状铺草，用木方条分隔固定，稍加压踩。若要增加景观层次，丰富地貌，加强透视感，可在草地散置山石，配以花灌木。

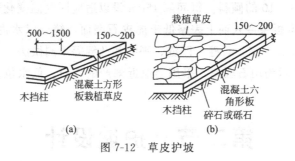

图 7-12　草皮护坡

4. 编柳抛石护坡

在柳树、水曲柳较多的地区，采用新截取的枝条，编成十字交叉形的网格。柳条平面尺寸为 1m×1m 或 1.2m×1.2m，厚度为 30～50cm。在坡土上先填 10～20cm 厚的砾石层，以利于排水和减少水土流失，将柳格平铺其上，格子中间填以 20～40cm 厚的块石。柳条发芽后可使护块坚固耐用。同时，可将粗柳杆截成 1.2m 左右的柳橛，用铁钎开深为 50～80cm 的孔洞，间距 40～50cm 打入土中，并高出石坡面 5～15cm。这种护坡，柳树成活后，根抱石，石压根，很坚固，而且水边形成可观的柳树带，非常漂亮，在我国的东北地区、华北地区、西北地区等地的自然风景区应用较多。

二、坡面构造设计

在园林水景建设中，湖池岸边的陡坡，有时为了顺其自然不做驳岸，而是改用斜坡伸向水中做成护坡。护坡主要是防止滑坡，减少水和风浪的冲刷，以保证岸坡的稳定。即通过坚固坡面表土的形式，防止或减轻地表径流对坡面的冲刷，使坡地在坡度较大的情况下也不至于坍塌，从而保护了坡地，维持了园林的地形地貌。

各种护坡工程的坡面构造，实际上是比较简单的。它不像挡土墙那样，要考虑泥土对气体的侧向压力。护坡设计要考虑的只是如何防止陡坡的滑坡和如何减轻水土流失。根据护坡做法的基本特点，下面将各种护坡方式归入植被护坡、框格护坡和截水沟护坡三种坡面构造类型，并对其设计方法给予简要的说明。

1. 植被护坡的坡面设计

这种护坡的坡面是采用草皮护坡、灌丛护坡或花坛护坡方式所做的坡面，这实际上都是用植被来对坡面进行保护，因此，这三种护坡的坡面构造基本上是一样的。一般而言，植被护坡的坡面构造从上到下的顺序是植被层、坡面根系表土层和底土层。各层的构造情如下：

（1）植被层　植被层主要采用草皮护坡方式，植被层厚 15～45cm；用花坛护坡的，植被层厚 25～60cm；用灌木丛护坡，则灌木层厚 45～180cm。植被层一般不用乔木做护坡植物，因乔木重心较高，有时可因树倒而使坡面坍塌。在设计中，最好选用须根系的植物，其护坡固土作用比较好。

（2）根系表土层　用草皮与花坛护坡时，坡面保持斜面即可。若坡度太大，达到 60°以上时，坡面土壤应先稍稍拍实，然后在表面上铺上一层护坡网，最后才撒播草种或栽种草丛、花苗。用灌木护坡，坡面则可先整理成小型阶梯状，以方便栽种树木和积蓄雨水（如图 7-13 所示）。为了避免地表径流直接冲刷陡坡坡面，还应在坡顶部顺着等高线设计不止一条截水沟，以拦截雨水。

（3）底土层　坡面的底土一般应拍打结实，但也可不作任何处理。

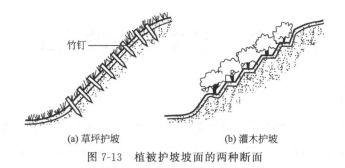

(a) 草坪护坡　　　　　　　　(b) 灌木护坡

图 7-13　植被护坡坡面的两种断面

2. 预制框格护坡的坡面设计

预制框格有混凝土、塑料、铁件、金属网等材料制作的，其每一个框格单元的设计形状和规格大小都可以有许多变化。框格一般是预制生产的，在边批施工时再装配成各种简单的图形。用锚和矮桩固定后，再往框格中填满肥沃土壤，土要填得高于框格，并稍稍拍实，避免下雨时流水渗入框格下面，冲刷走框底泥土，使框格悬空。以下是预制混凝土框格的参考形状及规格尺寸（如图 7-14 所示）。

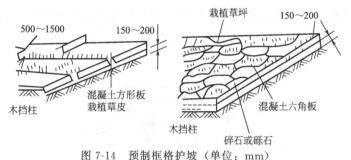

图 7-14　预制框格护坡（单位：mm）

3. 护坡的截水沟设计

截水沟一般设在坡顶，与等高线平行。沟宽 20～45cm，深 20～30cm，用砖砌成。沟底、沟内壁用 1：2 水泥砂浆抹面。为了不破坏坡面的美观，可将截水沟设计为盲沟，即在截水沟内填满砾石，砾石层上面覆土种草。从外表看不出坡顶有截水沟，但雨水流到沟边就会下渗，然后从截水沟的两端排出坡外（如图 7-15 所示）。

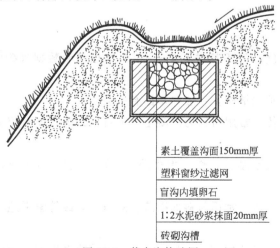

素土覆盖沟面150mm厚

塑料窗纱过滤网

盲沟内填卵石

1：2水泥砂浆抹面20mm厚

砖砌沟槽

图 7-15　截水沟构造图

第三节　驳岸与护坡施工

一、施工准备

驳岸与护坡的施工属于特殊的砌体工程，施工时应遵循砌体工程的操作规则与施工验收规范，同时也可结合景观的设计使岸坡曲折有度，这样既丰富岸坡的变化，又减少伸缩缝的设置，使岸坡的整体性更强。

（1）驳岸与护坡的施工属于特殊的砌体工程，施工时应遵循砌体工程的操作规程与施工验收规范，同时应注意驳岸和护坡的施工必须放干湖水，亦可分段堵截逐一排空。采用灰土基础以在干旱季节为宜，否则会影响灰土的固结。

（2）为防止冻凝，岸坡应设伸缩缝并兼作沉降缝。伸缩缝要做好防水处理，同时也可采用结合景观的设计使岸坡曲折有度，这样既丰富岸坡的变化，又减少伸缩缝的设置，使岸坡的整体性更强。

（3）为排除地面渗水或地面水在岸墙后的滞留，应考虑设置泄水孔。泄水孔可等距离分布，平均 3～5m 处可设置一处。在孔后可设倒滤层，以防阻塞，如图 7-16 所示。

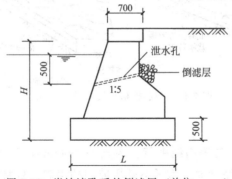

图 7-16　岸坡墙孔后的倒滤层（单位：mm）

二、驳岸施工

1. 驳岸的构造

由于园林中驳岸高度一般不超过 2.5m，可以根据经验数据来确定各部分的构造尺寸，而省去繁杂的结构计算。

（1）压顶　驳岸之顶端结构，一般向水面有所悬挑。

（2）墙身　驳岸主体，常用材料为混凝土、毛石、砖等，还有用木板、毛竹板等材料作为临时性的驳岸材料。

（3）基础　驳岸的底层结构，作为承重部分，厚度常用 400mm，宽度在高度的 0.6～0.8 倍范围内。

（4）垫层　基础的下层，常用材料如矿渣、碎石、碎砖等整平地坪，以保证基础与土层均匀接触。

（5）基础桩　增加驳岸的稳定性，是防止驳岸滑移或倒塌的有效措施，同时也兼起加强地基承载能力的作用。材料可以用木桩、灰土桩等。

（6）沉降缝　由于墙高不等，墙后土压力、地基沉降不均匀等的变化差异时所必须考虑设置的断裂缝。

（7）伸缩缝　避免因温度等变化引起的破裂而设置的缝。一般每 $10\sim25m$ 设置一道，宽度一般采用 $10\sim20mm$，有时也兼做沉降缝用。

浆砌块石基础在施工时石头要砌得密实，缝穴尽量减少。如有大间隙应以小石填实。灌浆务必饱满，使渗进石间空隙，北方地区冬期施工可在水泥砂浆中加入 $3\%\sim5\%$ 的 $CaCl_2$ 或 $NaCl_2$，按质量比兑入水中拌匀以防冻，使之正常凝固。倾斜的岸坡可用木制边坡样板校正。浆砌块石缝宽 $2\sim3cm$，勾缝可稍高于石面，也可以与石面平或凹进石面。块石护岸由下往上铺砌石料。石块要彼此紧贴。用铁锤打掉过于突出的棱角并挤压上面的碎石使其密实地压入土中。铺后可以在上面行走，试一下石块的稳定性。如人在上面行走石头仍不动，说明质量是好的，否则要用碎石嵌垫石间空隙。

图 7-17　驳岸的水位关系

如图 7-17 所示为驳岸的水位关系。由图可见，驳岸可分为湖底以下部分、常水位至低水位部分、常水位与高水位之间部分和高水位以上部分。高水位以上部分是不淹没部分，主要受风浪撞击和淘刷、日晒风化或超重荷载，致使下部坍塌，造成岸坡损坏。

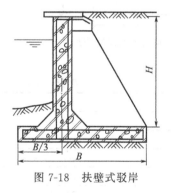

图 7-18　扶壁式驳岸

常水位至高水位部分属周期性淹没部分，多受风浪拍击和周期性冲刷，使水岸土壤遭冲刷淤积水中，损坏岸线，影响景观。常水位到低水位部分是常年被淹部分，其主要是湖水浸渗冻胀，剪力破坏，风浪淘刷。

2. 驳岸的造型

按照驳岸的造型形式将驳岸分为规则式驳岸、自然式驳岸和混合式驳岸三种。

规则式驳岸指用块石、砖、混凝土砌筑的几何形式的岸壁，如常见的重力式驳岸、半重力式驳岸、扶壁式驳岸等（如图 7-18 所示）。规则式驳岸多属永久性的，要求较好的砌筑材料和较高的施工技术。其特点是简洁规整，但缺少变化。

扶壁式驳岸构造要求：

① 在水平荷重时 $B=0.45H$；在超重荷载时 $B=0.65H$；在水平又有道路荷载时 $B=0.75H$。

② 墙面板、扶壁的厚度≥$20\sim25cm$，底板厚度≥$25cm$。

自然式驳岸是指外观无固定形状或规格的岸坡处理，如常用的假山石驳岸、卵石驳岸。这种驳岸自然堆砌，景观效果好。

混合式驳岸是规则式驳岸与自然式驳岸相结合的驳岸造型。一般为毛石岸墙，自然山石岸顶。混合式驳岸易于施工，具有一定装饰性，适用于地形许可且有一定装饰要求的湖岸。

3. 砌石类驳岸

如图 7-19 所示为砌石驳岸的常见构造，它由基础、墙身和压顶三部分组成。基础是驳岸的承重部分，通过它将上部重量传给地基。因此，驳岸基础要求坚固，埋入湖底深度不得小于 50cm，基础宽度 B 则视土壤情况而定，砂砾土为 $(0.35\sim0.4)H$，砂壤土为 $0.45H$，湿砂土为 $(0.5\sim0.6)H$，饱和水壤土为 $0.75H$。墙身处于基础与压顶之间，承受压力最大，包括垂直压力、水的水平压力及墙后土壤侧压力。因此，墙身应具有一定的厚度，墙体高度要以最高水位和水面浪高来确定，岸顶应以贴近水面为好，便于游人亲近水面，并显得蓄水丰盈饱满。压顶为驳岸最上部分，宽度 $30\sim50cm$，用混凝土或大块石做成。其作用是增强驳岸稳定，美化水岸线，阻止墙后土壤流失。如图 7-20 所示为重力式驳岸结构尺寸图，与表 7-2 配合使用。

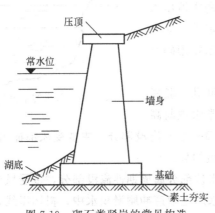

图 7-19　砌石类驳岸的常见构造

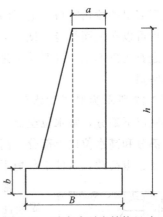

图 7-20　重力式驳岸结构尺寸

表 7-2　常见块石驳岸选用　　　　　　　　　　　　　　单位：mm

h	a	B	b
100	30	40	30
200	50	80	30
250	60	100	50
300	60	120	70
350	60	140	70
400	60	160	70
500	60	200	70

施工前必须放干湖水或分段堵截围堰，逐一排空。砌石驳岸施工工艺流程为：放线→挖槽→夯实地基→浇筑混凝土基础→砌筑岸墙→砌筑压顶。

（1）放线　布点放线应依据设计图上的常水位线，确定驳岸的平面位置，并在基础两侧各 20cm 放线。

（2）挖槽　一般由人工开挖，工程量较大时采用机械开挖，为了保证施工安全，对需要放坡的地段，应根据规定进行放坡。

（3）夯实地基　开槽后应将地基夯实。遇土层软弱时需进行加固处理。

（4）浇筑基础　一般为块石混凝土，浇筑时应将块石分隔，不得互相靠紧，也不得置于边缘。

（5）砌筑岸墙　浆砌块石岸墙的墙面应平整、美观；砌筑砂浆饱满，勾缝严密。每隔25～30m做伸缩缝，缝宽3cm，可用板条、沥青、石棉绳、橡胶、止水带或塑料等防水材料填充。填充时应略低于砌石墙面，缝用水泥砂浆勾满。如果驳岸有高差变化，则应做沉降缝，确保驳岸稳固。驳岸墙体应于水平方向2～4m、竖直方向1～2m处预留泄水孔，口径为120mm×120mm，便于排除墙后积水，保护墙体。也可于墙后设置暗沟，填置砂石排除积水。

（6）砌筑压顶　可采用预制混凝土板块压顶，也可采用大块方整石压顶。顶石应向水中至少挑出5～6cm，并使顶面高出最高水位50cm为宜。

砌石类驳岸做法如图7-21所示。

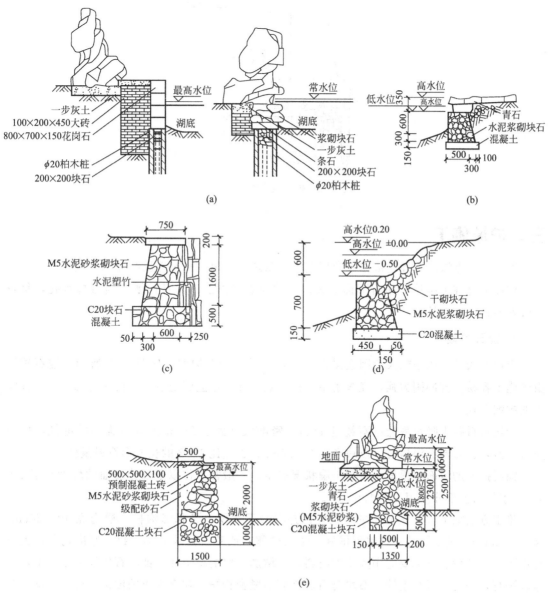

图7-21　砌石类驳岸做法（单位：mm）

4. 桩基类驳岸施工

桩基驳岸由桩基、卡当石、盖桩石、混凝土基础、墙身和压顶等几部分组成，如图7-22所示。卡当石是桩间填充的石块，起保持木桩稳定作用。盖桩石为桩顶浆砌的条石，作用是找平桩顶以便浇灌混凝土基础。基础以上部分与砌石类驳岸相同。

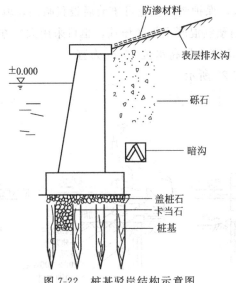

图 7-22　桩基驳岸结构示意图

三、护坡施工

护坡施工方法的选择应依据坡岸用途、构景透视效果、水岸地质状况和水流冲刷程度而定。护坡不允许土壤从护面石下面流失。为此应做过滤层，并且护坡应预留排水孔，每隔25m左右做一伸缩缝。

1. 铺石护坡

当坡岸较陡，风浪较大或因造景需要时，可采用铺石护坡，如图7-23所示。铺石护坡由于施工容易，抗冲刷力强，经久耐用，护岸效果好，还能因地造景，灵活随意，是园林常见的护坡形式。

护坡石料要求吸水率低（不超过1%）、密度大（大于2t/m³）和较强的抗冻性，如石灰岩、砂岩、花岗石等岩石，以块径1.8～25cm、长宽比1：2的长方形石料最佳。

铺石护坡的坡面应根据水位和土壤状况确定，一般常水位以下部分坡面的坡度小于1：4，常水位以上部分采用1：(1.5～5)。

施工方法如下：首先把坡岸平整好，并在最下部挖一条梯形沟槽，槽沟宽40～50cm，深50～60cm。铺石以前先将垫层铺好，垫层的卵石或碎石要求大小一致，厚度均匀，铺石时由下至上铺设。下部要选用大块的石料，以增加护坡的稳定性。铺时石块摆成丁字形，与岸坡平行，一行一行往上铺，石块与石块之间要紧密相贴，如有突出的棱角，应用铁锤将其敲掉。铺后检查质量，即当人在铺石上行走时铺石是否移动，如果不移动，则施工质量合乎要求。下一步就是用碎石嵌补铺石缝隙，再将铺石夯实即成。

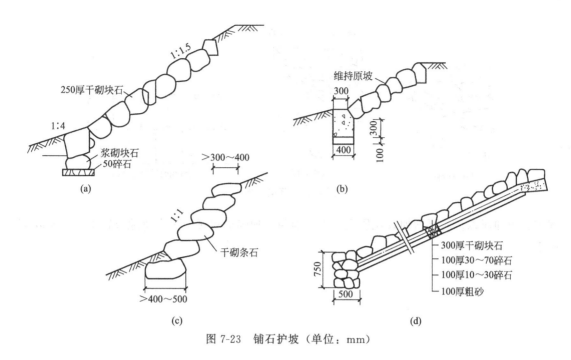

图 7-23　铺石护坡（单位：mm）

2. 灌木护坡

灌木护坡较适用于大水面平缓的坡岸。灌木有韧性，根系盘结，不怕水淹，能削弱风浪冲击力，减少地表冲刷，因而护岸效果较好。护坡灌木要具备速生、根系发达、耐水湿、株矮常绿等特点，可选择沼生植物护坡。施工时可直播，可植苗，但要求较大的种植密度。若因景观需要，强调天际线变化，可适量植草和乔木，灌木护坡做法如图 7-24 所示。

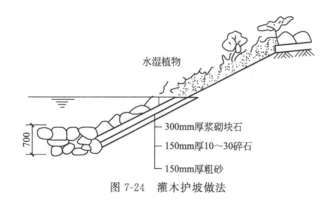

图 7-24　灌木护坡做法

3. 草皮护坡

草皮护坡适用于坡度在 1:（5～20）之间的湖岸缓坡。护坡草种要求耐水湿，根系发达、生长快、生存力强，如假俭草、狗牙根等。护坡做法按坡面具体条件而定，如果原坡面有杂草生长，可直接利用杂草护坡，但要求美观。也有直接在坡面上播草种，加盖塑料薄膜，如图 7-25 所示，先在正方砖、六角砖上种草，然后用竹签四角固定做护坡。

最为常见的是块状或带状种草护坡，铺草时沿坡面自下而上呈网状铺草，用木方条分隔

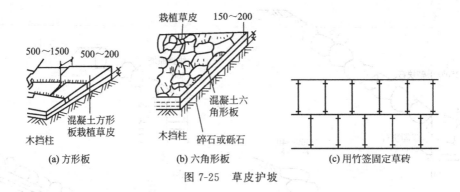

图 7-25 草皮护坡

固定，稍加压踩。若要增加景观层次，丰富地貌，加强透视感，可在草地散置山石，配以花灌木。

第八章

水闸设计与施工

第一节 水闸概述

修建在河道和渠道上利用闸门控制流量和调节水位的低水头水工建筑物。关闭闸门可以拦洪、挡潮或抬高上游水位，以满足灌溉、发电、航运、水产、环保、工业和生活用水等需要；开启闸门，可以泄洪水、涝水、弃水或废水，也可对下游河道或渠道供水。在水利工程中，水闸作为挡水、泄水或取水的建筑物，应用广泛。

中国修建水闸的历史悠久。公元前598～前591年，楚令尹孙叔敖在今安徽省寿县建芍陂灌渠时，即设五个闸门引水。以后随建闸技术的提高和建筑材料新品种的出现，水闸建设也日益增多。1949年后大规模现代化水闸的建设，在中国普遍兴起，并积累了丰富的经验。如长江葛洲坝枢纽的二江泄水水闸，最大泄量为84000km³/s，位居中国首位，运行情况良好。国际上修建水闸的技术也在不断发展和创新，如荷兰兴建的东斯海尔德挡潮闸，闸高53m，闸身净长3km，被誉为海上长城。目前水闸的建设，正向形式多样化、结构轻型化、施工装配化、操作自动化和远动化方向发展。

一、水闸的分类

水闸按其所承担的主要任务，可分为节制闸、进水闸、冲沙闸、分洪闸、挡潮闸、排水闸等。

1. 进水闸

通过在河道、水库、渠道或者是湖泊上修建水闸，就可以进行农业灌溉、水利发电或者是其他水利事业，而控制入渠流量的水闸就是进水闸。一般进水闸都修建在渠道的渠首位置，所以这种水闸又被叫作渠首闸。

2. 节制闸

一般来说用于调节流量和水位的水闸被称为节制闸。它主要是用于在枯水期截断河流，从而使水位升高，这样就可以在上游进行航运或者是满足进水闸取水的需要。而在洪水期，节制闸可以有效地控制下游的泄流量。由于这种水闸主要是为了拦截河流建造的，所以又叫作拦河闸。

3. 排水闸

一般在江河的沿岸都会修建排水闸。当出现外河水位上涨的现象时，就关闭闸门，这样就不会出现江河洪水倒灌的现象。如果河水水位退落时就打开闸门，这样就可以将积水排出。这种闸门的闸身较高，但是底板高程比较低，而且要受到双向水头的作用，这是因为排水闸既要负责排除洼地的积水，又要负责挡住外河水位。

4. 挡潮闸

沿海地区遭受潮水的影响，为了防止海水倒灌入河，需修建挡潮闸。挡潮闸还可用来抬高内河水位，达到蓄淡灌溉的目的；内河两岸受涝时，可利用挡潮闸在退潮时排涝；建有通航孔的挡潮闸，可在平潮时期开闸通航。因此，挡潮闸的作用是挡潮、蓄淡、泄洪、排涝，其特点亦是受有双向水头作用。

5. 分洪闸

在江河适当地段的一侧修建分洪闸，当较大洪水来临时开闸分泄一部分下游河道容纳不下的洪水，进入闸后的洼地、湖泊等蓄洪区、滞洪区或下游不同的支流，以减小洪水对下游的威胁。这类水闸的特点是泄水能力大，以利及时分洪。

二、水闸的组成

水闸由闸室、上游连接段和下游连接段组成（如图 8-1 所示）。闸室是水闸的主体，设有底板、闸门、启闭机、闸墩、胸墙、工作桥、交通桥等。闸门用来挡水和控制过闸流量，闸墩用以分隔闸孔和支承闸门、胸墙、工作桥、交通桥等。底板是闸室的基础，将闸室上部结构的重量及荷载向地基传递，兼有防渗和防冲的作用。闸室分别与上下游连接段和两岸或其他建筑物连接。上游连接段包括：在两岸设置的翼墙和护坡，在河床设置的防冲槽、护底及铺盖，用以引导水流平顺地进入闸室，保护两岸及河床免遭水流冲刷，并与闸室共同组成足够长度的渗径，确保渗透水流沿两岸和闸基的抗渗稳定性。下游连接段由消力池、护坦、海墁、防冲槽、两岸翼墙、护坡等组成，用以引导出闸水流向下游均匀扩散，减缓流速，消除过闸水流剩余动能，防止水流对河床及两岸的冲刷。

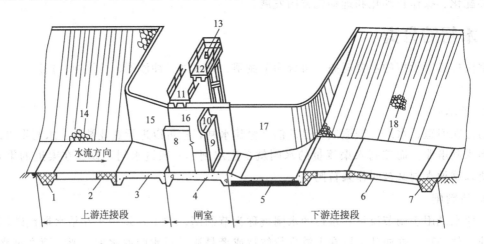

图 8-1　水闸的组成部分

1—上游防冲槽；2—上游护底；3—铺盖；4—底板；5—护坦（消力池）；6—海墁；7—下游防冲槽；

8—闸墩；9—闸门；10—胸墙；11—交通桥；12—工作桥；13—启闭机；14—上游护坡；

15—上游翼墙；16—边墩；17—下游翼墙；18—下游护坡

三、水闸的作用

水闸是控制水流出入某段水体的水工构筑物。其主要作用是蓄水和泄水，常设于园林水体的进出水口。水闸在风景名胜区和城市园林中应用比较广泛。如承德避暑山庄东面的武烈河旱涝无常，为了保证游览季节有河景可观，采用橡皮坝控制，共设橡皮坝两处。橡皮坝在洪水时期可溢流放水，枯水季节可蓄水，使用效果尚好。在大水体中往往使用机械启动的大型水闸。更广泛的情况是园林中常用的小水闸，其功能与大水闸基本相同。

四、水闸的工作特点

1. 稳定问题

在正常使用水闸时，拦截上游的水位一般比较高，这样就导致水闸上游和下游之间产生很大的水位差，会出现水平压力过大的现象，从而使水闸向下游方向移动。要想稳定自身，水闸必须拥有一定的重量。另外，水闸在建成以后，如果还没有挡水或者是在正常使用的情况下遇到无水期，就会产生很大的垂直荷载，这样基底的实际压力就会大大超过地基能够承受的承载力，从而出现地基变形或者是出现闸基土被挤出的现象，这很容易造成水闸与地基出现滑动的危险。所以，在修建水闸时必须保证基础的面积，这样才能有效地降低基底的压应力。

2. 渗流问题

水闸在进行挡水时，就会造成上下游水位出现差值，在这种作用下，就会在水闸、闸基与两岸的连接处出现渗流的现象。如果出现渗流，就会在水闸的底部产生向上的扬压力，这就会缩小水闸的重力作用，从而使水闸的抗滑稳定性大大降低。如果两岸和闸基都采用土基，在出现渗流时也会带走一些细颗粒，这就会在闸后出现翻砂鼓水的现象。如果严重的话还会掏空两岸和闸基。另外，如果出现侧向渗透，会产生水平的压力，对两岸的连接建筑物都会有很大影响，使其稳定性大大下降。还有可能导致岸坡上出现渗透现象，从而加大闸底的渗透压力。如果渗流水量过大，还会对水闸的挡水功能产生影响，妨碍蓄水。

3. 冲刷问题

在开闸泄水时，如果水闸下游水位很浅或者是没有水，在水位差的作用下，就会加大水流的流速，这种巨大的能量会对下游有严重的冲刷。一旦冲刷的范围过大，就会掏空闸基，造成水闸失事。另外，一般在水闸的两岸都是软弱的岩层或者是土层，如果修建水闸时开设过多的闸孔，一旦开启某一个闸孔就会形成折冲水流，这就会严重冲刷下游河岸，对水闸的安全性和稳定性都会产生影响。

五、水闸的选址

建设水闸，首先问题是选好闸址。选址时必须明确建水闸的目的，弄清设闸部位的地形、地质、水文等方面的基本情况；特别是原有和设计的各种水位与流速、流量等；要考虑如何最有效地控制整个受益地域，先粗略地提出闸址的大概位置，然后考虑以下因素，最终确定具体位置。

（1）闸应分别设在所控水体的上下游。

（2）闸孔轴心线与水流方向相顺应，使水流通过时畅通无阻，避免造成因水流改变原有流向而产生淤积现象或水岸一侧被冲刷，另一侧淤积。如图8-2所示。

（3）避免在水流急弯处建闸，以免因剧烈的冲刷破坏闸墙与闸底。如由于其他因素限制，一定要在急弯处设闸时，则要改变局部水道呈平直或缓曲。

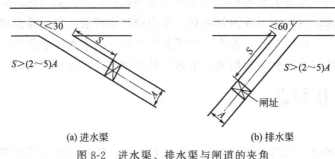

(a) 进水渠　　　　　　　　　(b) 排水渠

图 8-2　进水渠、排水渠与闸道的夹角

（4）选择地质条件均匀、承载力大致相同的地段，避免发生不均匀沉陷。

选址时最好能利用天然坚实岩层，在同样条件下，选择高地或旧土堤下作闸址比河底或洼地更佳。

六、水闸的结构

水闸的结构由下至上可分为以下三部分。

1. 地基

地基为天然土层经加固处理而成。水闸基础必须保证在承受上部压力后不发生超限和不均匀沉陷。

2. 水闸底层结构

闸底为闸身与地基相连的部分。闸底必须承受由于上下游水位差造成跌水急流的冲力，减免由于上下游水位差造成的地基土壤管涌和经受渗流的浮托力。因此，水闸底层结构是有一定厚度和长度的闸底。正规的水闸自上游至下游包括三部分。

（1）铺盖　铺盖是位于上游和闸体相衔接的不透水层。其作用是放水后使闸底上部减少水流冲刷、减少渗透流量和消耗部分渗透水流的水头。铺盖常用浆彻石块、灰土或混凝土浇灌。铺盖长度为上游水深数倍。厚度因材料而异，一般为 30cm。如黏土夯实则 60～75cm。

（2）护坦　护坦是下游与铺盖相连接的不透水层，作用是减少闸后河床的冲刷和渗透。其厚度与跌水的护底相同，视上下游水位差、水闸规模和材料而定，一般可采用 30～40cm。护坦长度（如地基为壤土）为上下游水位差的 3～4 倍，或查计算表。

（3）海墁　海墁是下游与护坦相连接点的透水层。水流在护坦上仅消耗 70% 的动能，剩余水流动能造成对河底的破坏则靠海墁承担。海墁末端宜加宽、加深，使水能流动分散。海墁一般用于砌块石，下游再抛石。海墁长度为闸下游水深的 3～4 倍。

3. 水闸的上层建筑

水闸的上层建筑如图 8-3 所示。

（1）闸墙　亦称边墙，位于闸门之两侧，构成水流范围，形成水槽并支撑岸土使之不坍塌。

（2）翼墙　与闸墙相接，转折如翼的部分，利于上下游河道边坡的平顺衔接。

（3）闸墩　分隔闸孔和安装闸门的支墩，亦可支承工作桥及交通桥，多用坚固的石材制造，也可用钢筋混凝土制成。闸墩的外形影响水流的通畅程度。闸墩高度同边墙，一般闸孔宽为 2～3m，如启闸的上下水位差在 1m 以下，则闸孔宽度可小于 2m。若叠梁式闸板水位

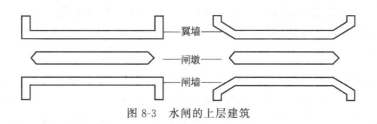

图 8-3 水闸的上层建筑

差在 1m 以上者，闸孔宽可大于 1m。

（4）闸门板　安装在闸墩与闸墙之间，可以关闭和开启，用来调节水体的水量和水深的设施，有两种形式：叠梁式闸门板和上提式门板（如图 8-4 所示），上提式闸门板的尺寸较大，为一整块平板竖直安装在槽内，一般用机械开启和关闭。

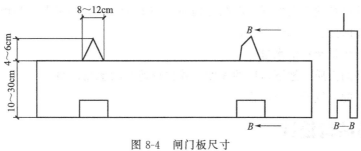

图 8-4 闸门板尺寸

第二节 水闸设计

一、水闸设计的主要内容

1. 闸址和闸槛高程的选择

根据水闸所负担的任务和运用要求，综合考虑地形、地质、水流、泥沙、施工、管理和其他方面等因素，经过技术经济比较选定。闸址一般设于水流平顺、河床及岸坡稳定、地基坚硬密实、抗渗稳定性好、场地开阔的河段。闸槛高程的选定，应与过闸单宽流量相适应。在水利枢纽中，应根据枢纽工程的性质及综合利用要求，统一考虑水闸与枢纽其他建筑物的合理布置，确定闸址和闸槛高程。

2. 水力设计

根据水闸运用方式和过闸水流形态，按水力学公式计算过流能力，确定闸孔总净宽度。结合闸下水位及河床地质条件，选定消能方式。水闸多用水跃消能，通过水力计算，确定消能防冲设施的尺度和布置。估算判断水闸投入运用后，由于闸上下游河床可能发生冲淤变化，引起上下游水位变动，从而对过水能力和消能防冲设施产生的不利影响。大型水闸的水力设计，应做水力模型试验验证。

3. 防渗排水设计

根据闸上下游最大水位差和地基条件，并参考工程实践经验，确定地下轮廓线（即由防渗设施与不透水底板共同组成渗流区域的上部不透水边界）布置，须满足沿地下轮廓线的渗流平均坡降和出逸坡降在允许范围以内，并进行渗透水压力和抗渗稳定性计算。在渗流出逸面上应铺设反滤层和设置排水沟槽（或减压井），尽快地、安全地将渗水排至下游。两岸的防渗排水设计与闸基的基本相同。

4. 结构设计

根据运用要求和地质条件，选定闸室结构和闸门形式，妥善布置闸室上部结构。分析作用于水闸上的荷载及其组合，进行闸室和翼墙等的抗滑稳定计算、地基应力和沉陷计算，必要时，应结合地质条件和结构特点研究确定地基处理方案。对组成水闸的各部建筑物（包括闸门），根据其工作特点，进行结构计算。

二、水闸设计的准备工作

水闸设计前应收集以下资料，并对其进行分析研究，作为设计的依据。

① 拟建闸址所在地的地形图，图纸比例为 1：（200～500），供闸的设计用。

② 公园水体的面积及水位高程。

③ 水体的用水量及补给水量。

④ 钻探闸基的土质、地下岩层的深度，并进行地基的承载试验。

⑤ 园外水体的位置及水位高程。

三、水闸的结构设计

1. 设计前须知数据

闸外水位，内湖水位（最高水位和最低水位），湖底高程，最大风级，安全超高，闸门前最远岸直线距离，土壤种类和质地，水闸附近地面高程及要求流量。

2. 要求出的数据

（1）闸门宽度　根据上、下游水位差及下游水的深度，查表 8-1 求出 $1m^3/s$ 流量所需闸孔宽度。上、下游水位差为外水位与内湖（或下一河段）低水位之差。如果流量大于 $1m^3/s$，为 $n m^3/s$，要求的宽度为查表 8-1 所得数的 n 倍。

表 8-1　$1m^3/s$ 流量所需闸孔宽度　　　　　　单位：m

闸孔宽度（下游）	水位差					
	0.4	0.6	0.8	1.0	1.2	1.4
0.1	2.08	1.39	1.04	0.83	0.70	0.60
0.2	1.48	0.98	0.71	0.59	0.49	0.42
0.3	1.17	0.80	0.60	0.48	0.40	0.34
0.4	0.96	0.68	0.52	0.42	0.35	0.30
0.6	0.68	0.52	0.41	0.34	0.28	0.24
0.8	0.52	0.41	0.35	0.28	0.24	0.21
1.0	0.41	0.34	0.28	0.24	0.21	0.18

（2）闸顶高程　闸顶高程为内湖高水位、风浪高、安全超高三者之和。按风级和闸门前最远岸直线距离查表可求出风浪高度，所求得的闸顶高程，又可与水闸附近地面高程取得适宜的关系。

（3）边墙高度　边墙高度为闸顶高程减湖底高程。边墙长度按边墙高度查表 8-2 求得，边墙长度是指自闸门中心起，至边墙与翼墙连接处止的长度。

表 8-2　边墙长度及高度　　　　　　　　　　单位：m

闸墙高度	2.0	2.5	3.0	3.5	4.0	5.0
闸墙长度	4.4	4.5	4.6	4.8	4.9	5.7

（4）闸底板长度及厚度　按上、下游最大水位差及地基土壤种类，可得到闸底板长度，见表 8-3。底板长度自闸门中心至翼墙下游端止。底板厚度根据闸上、下游最大水位差可查表 8-4。

表 8-3　各种土壤条件下闸底板长度为水位差的倍数　　　　　　单位：m

土壤种类	底板长度等于水位差的倍数
细砂土和泥土	9.0
中砂和粗砂	7.6
细砂和中砂	6.0
顽固砂和石砂混合体	6.0
重壤土（重砂质黏土）	8.0
轻壤土	7.0
黏土	6.0
黏性砂石土	6.0

表 8-4　闸上、下游水位差与闸底厚度关系　　　　　　　　单位：m

闸上、下游水位差	底板厚度
1.0	0.3
1.5	0.4
2.0	0.5
2.5	0.5
3.0	0.5

（5）闸墩尺寸

① 闸墩的迎水面直接影响闸孔水流的通畅，一般采用下列横截面，如图 8-5 所示。

   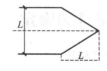

图 8-5　闸墩尺寸

② L 的取值一般取闸墙（顶宽+底宽）的 1/2。如支承交通桥等，可根据桥体的荷载计算 L。

③ 闸墩的高一般与边墙高相等。

（6）闸门　木闸门是最常用的一种闸门，整体木闸门的构造，如图 8-6 所示。

$$闸槽深度 = \delta + 4 \text{(cm)}$$

$$闸槽宽度 = \delta + 2 \times 3 \text{(cm)}$$

$$闸门长\ L = B + 2\delta$$

叠梁闸板使用起来比较简便，蓄水或泄水时，只需将闸板一块块地放在闸槽内或卸下即

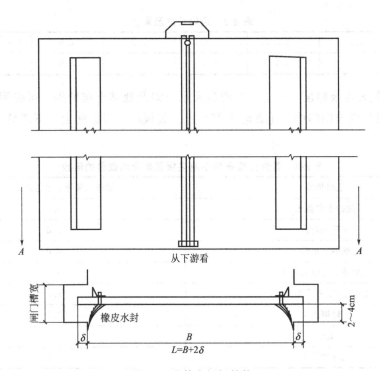

从下游看

橡皮水封

图 8-6　整体木闸门结构

注：B—闸门宽；δ—闸门板厚度，根据上、下游水位差及闸孔宽度，查表可得闸板厚度；L—闸门长

可，较长的叠梁板设有吊环，环的高度为 4～6cm，环宽为 8～12cm，每块闸板下面设凹槽以便扣藏下面闸板的吊环。闸板高度一般为 10～30cm。

三、海墁设计

（1）海墁在构造上应满足表面粗糙、耐冲、柔韧和透水的要求，以便减少动能，适应渠底变形，减少渗透压力。

（2）海墁末端做齿墙一般深 40～80cm，以保证海墁稳定，海墁的长度等于下游水深的 3～6 倍。

四、闸孔尺寸的确定

1. 闸孔净宽确定

（1）上下游水位差　由于闸孔宽度一般小于河道宽度，水流过闸时侧向收缩，并使上游水面壅高而形成闸上下游水位差 ΔH。该水位差关系到闸室工程量和上游淹没损失，ΔH 稍大，可使闸室工程量减少，但上游淹没面积增大，且对下游消能防冲要求较高，否则，反之。根据工程经验一般取 $\Delta H=0.1\sim0.3$m。

（2）闸孔净宽　已知：Q、上下游水位、初拟的底板高程、堰址。

① 当水流呈堰流时

$$B_0=\frac{Q}{m\sigma_s\varepsilon\sqrt{2g}H_0^{3/2}}$$

② 当水流呈孔流时

$$B_0 = \frac{Q}{\sigma'_s \mu e \sqrt{2gH_0}}$$

2. 孔数 n、单孔净宽 b 及闸室总宽度 B

（1）单孔净宽 b 　闸孔孔径应根据闸的地基条件、运用要求、闸门结构形式、启闭机容量以及闸门的制作、运输、安装等因素，进行综合分析确定。我国大中型水闸的单孔净宽度 b 一般采用 $8\sim12m$。

（2）孔数 n 　闸孔孔数 $n = B_0/b_0$，n 值应取略大于计算要求值的整数。闸孔孔数少于 8 孔时，宜采用单数孔，以利于对称开启闸门，改善下游水流条件。

（3）闸室总宽度 B 　$B = nb + (n-1)d + 2d$，其中 d 为闸墩厚度。

闸室总宽度应与上下游河道或渠道宽度相适应，一般不小于河（渠）道宽度的 0.6 倍。孔宽、孔数和闸室总宽度拟定后，再考虑闸墩等的影响，进一步验算水闸的过水能力。计算的过水能力与设计流量的差值，一般不得超过 $\pm5\%$。

3. 闸顶高程与闸门顶高程

（1）闸顶高程 　泄洪时应高于设计或校核洪水位和安全超高。关门时应高于设计或校核洪水位或最高挡水位和波浪计算高度和安全超高值。

（2）闸门顶高程 　对于开敞式水闸，闸门顶高应不低于可能出现的最高挡水位和安全超高 a，a 一般取 0.5m 左右，不宜小于 0.3m。

4. 上下水位确定

（1）渠道进水闸

① 有坝取水。上游水位由拦河坝（闸）控制，闸的上游设计水位，即拦河坝应该壅高的水位，其值为阀后渠道设计水位再加过闸的水头损失（一般为 0.1～0.3m）。

② 无坝取水。可取闸外河道历年平均枯水位为设计水位，或选用相当于灌溉设计保证率的灌溉临界期外河平均水位，作为上游设计水位。若引水流量的比例较大时，主要考虑进水口河水位的降落影响。

③ 下游水位。由闸前水位高程到渠前进行渠系水位推算而决定的，计算所得的渠道水位加上述闸水位降落值（一般为 0.1～0.3m），即为闸前上游水位，若取水口处水位与之相等或接近相等，则满足引水灌溉要求，若高于闸前水位，则不行。若低于闸前水位，则可以。

（2）过闸单宽流量的确定 　根据闸后河床地质条件考虑上下游水位差、下游水位和河道宽度与闸室宽度的比值等因素。

$$黏性土河床: q = 15\sim25 m^3/(s \cdot m)$$

$$砂土河床: q = 10\sim15 m^3/(s \cdot m)$$

$$细砂、粉砂河床: q = 5\sim10 m^3/(s \cdot m)$$

q 的值决定于上下游水位差堰顶高程。

五、水闸防漏设计

水闸防渗设计的任务：经济合理地确定地下廊线的形式和尺寸，寻求减小或消除渗透水流不利影响的必要和可靠的措施。

1. 定义

水闸闸底与地基上的接触部分，由不透水部分和透水部分组成。如图 8-7 所示（1～11 就是地下轮廓线的不透水部分）。

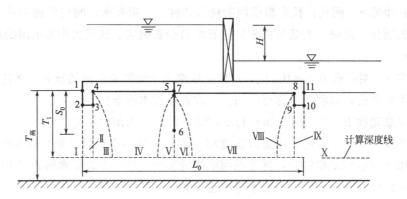

图 8-7　改进阻力系数法计算

Ⅰ—进口段；Ⅱ—齿墙水平段；Ⅲ—齿墙垂直段；Ⅳ—铺盖水平段；Ⅴ—板桩垂直段；
Ⅵ—板桩垂直段；Ⅶ—底板水平段；Ⅷ—齿墙垂直段；Ⅸ—齿墙水平段；Ⅹ—出口段

2. 设计步骤

地下轮廓线设计步骤：

① 根据水闸的上下游、水头差大小和地质条件选择地下轮廓线的形状和尺寸；

② 选用适当的方法对模拟的布置方案进行渗流计算，求出闸基承受的渗透压力以及渗透坡度；

③ 验算闸基及地基稳定性，包括地基上的抗渗稳定性。

3. 防渗长度确定

（1）采用渗流系数法，该法认为当地基地质条件确定时，必要的防渗长度 L 与闸的上下游水位差 ΔH 成正比关系，比例常数即为渗流系数 C

$$L = C\Delta H$$

（2）ΔH 与地基地质及渗流出口处有无反滤层有关。

4. 地下轮廓线布置

（1）布置原则　高防低排（上堵、下排）即在高水位一侧布置防渗设施，延长渗径，低水位一侧设置反滤层排水、排渗管等设施，使地基水尽快地渗出。

（2）黏性土地基　主要降低渗透压力。

（3）平铺式布置　上游设防渗铺盖，下游渗流出口设反滤层。

（4）砂性土地基　铺盖与板桩相结合布置形式。

（5）粉砂地基　封闭式布置，上、下游均用板桩。

（6）多层土地基　平面与垂直防渗相结合。

六、闸室的稳定计算

1. 闸室抗滑稳定计算

$$K_c = \frac{f\sum G}{\sum H}$$

式中　K_c——沿闸室底面的抗滑稳定安全系数；

f——闸室基底面与地基之间的摩擦系数；

$\sum H$——作用在闸室上的全部水平荷载，kN；

$\sum G$——作用在闸室上的全部竖向荷载，kN。

2. 闸室抗浮稳定计算

$$K_f = \frac{\sum V}{\sum U}$$

式中　K_f——闸室抗浮稳定安全系数；

$\sum V$——作用在闸室上的全部竖向荷载，kN；

$\sum U$——作用在闸室基底面上的扬压力，kN。

3. 基底压力计算

（1）对于结构布置及受力情况对称闸段

$$P_{\min}^{\max} = \frac{\sum G}{A} \pm \frac{\sum M}{W}$$

式中　$P_{\min}^{\max}$——闸室基础地面应力的最大值或最小值，kPa；

$\sum G$——作用在闸室上的全部竖向荷载（包括闸室基础地面上的扬压力在内，kN；

$\sum M$——作用在闸室上的全部竖向和水平向荷载对于基础地面垂直水流方向的形心轴的力矩，kN·m；

A——闸室基础底面的面积，m^2；

W——闸室基础底面对于该底面垂直水流方向的形心轴的截面，m^3。

（2）对于结构布置和受力情况不对称的闸段

$$P_{\min}^{\max} = \frac{\sum G}{A} \pm \frac{\sum M_X}{W_X} \pm \frac{\sum M_y}{W_y}$$

式中　$P_{\min}^{\max}$——闸室基础地面应力的最大值或最小值，kPa；

$\sum G$——作用在闸室上的全部竖向荷载（包括闸室基础地面上的扬压力在内），kN；

$\sum M$——作用在闸室上的全部竖向和水平向荷载对于基础地面垂直水流方向的形心轴的力矩，kN·m；

A——闸室基础底面的面积，m^2；

W——闸室基础底面对于该底面垂直水流方向的形心轴的截面，m^3。

第三节　水闸施工

一、施工测量

（1）施工中，应进行以下测量工作：

① 开工前，应对原设控制点、中心线复测，布设施工控制网，并定期检测；

② 建筑物及附属工程的点位放样；

③ 建筑物的外部变形观测点的埋设和定期观测；

④ 竣工测量。

（2）平面控制网的布置，以轴线网为宜，如采用三角网时，水闸轴线宜作为三角网的一边。

（3）根据现场闸址中心线标志测设轴线控制的标点（简称轴线点），其相邻标点位置的中误差不应大于 15mm。

平面控制测量等级宜按一、二级小三角及一、二级导线测量有关技术要求进行，见表 8-5、表 8-6。

（4）施工水准网的布设应按照由高到低逐等控制的原则进行。检测国家水准点时，必须控制两点以上，检测高差符合要求后，才能正式布网。

表 8-5　三角网主要技术要求

等级	测角中误差	三角形最大闭合差	相对中误差		方向法测回数（经纬仪的型号）	
			起算边	最弱边	J_2 型	J_6 型
一级小三角	±5″	±15″	1/40000	1/20000	2	6
二级小三角	±10″	±30″	1/20000	1/10000	1	2

表 8-6　一、二级导线测量主要技术要求

等级	导线总长/km	导线边长（平均）/m	测角中误差	经纬仪型号	测回数	方位角闭合差	量距相对误差	导线相对闭合差	说明
一级导线	2.4	100～300（200）	±5″	J_2	2	±10″$\sqrt{n}$	1/10000	1/10000	n 为测站数
				J_6	4				
二级导线	1.2	50～150（100）	±10″	J_2	1	±20″$\sqrt{n}$	1/5000	1/5000	
				J_6	2				

（5）工地永久水准基点宜设地面明标和地下暗标各一座。基点的位置应在不受施工影响、地基坚实、便于保存的地点，埋设深度在冰冻层以下 0.5m，并浇灌混凝土基础。

（6）高程控制测量等级要求应按照表 8-7 执行。高程测量的各项技术要求应按表 8-8 执行。

表 8-7　高程控制测量等级要求

施测部位	水准测量等级
大型水闸垂直变形	二
中、小型水闸垂直变形 大、中型水闸水准网布设	三
中、小型水闸水准网布设 主要水工建筑物混凝土部位 大、中型河渠	四
一般土石方工程	五（等外）

表 8-8　高程测量的技术要求

项目 水准等级	二	三	四	五（等外）	说　明
水准仪型号	S1	S3	S3	S10	
水准尺标	铟瓦	双面	双面	双面	
视线长度/m	≤50	≤75	≤80	≤100	（1）n 为水准单程测站数。每千米多于 16 站时按山地计算闭合限差 （2）计算往返闭合差时，L 为水准点间的路线长度（km）；计算附合或环线的路线闭合差时，L 为附合或环线的路线长度 （3）当成像显著、清晰、稳定时，视线长度可按表中规定放长 20%
前后视距 累计差	≤3	≤5	≤10		
视线离地面高度	≥0.3	三丝能读数			
基辅分划（黑红面） 读数差/mm	0.5	2	3		
往返较差、环线或附合 闭合差限/mm　平地	$\pm4\sqrt{n}$	$\pm12\sqrt{n}$	$\pm20\sqrt{n}$	$\pm40\sqrt{n}$	
往返较差、环线或附合 闭合差限/mm　山地		$\pm3\sqrt{n}$	$\pm5\sqrt{n}$	$\pm10\sqrt{n}$	

（7）放样前，对已有数据、资料和施工图中的几何尺寸，必须检核。严禁凭口头通知或无签字的草图放样。

（8）发现控制点有位移迹象时，应进行检测，其精度应不低于测设时的精度。

（9）闸室底板上部立模的点位放样，直接以轴线控制点测放出底板中心线（垂直水流方向）和闸孔中心线（顺水流方向），其中误差要求为±2mm；而后用钢带尺直接丈量弹出闸墩、门槽、门轴、岸墙、胸墙、工作桥、公路桥等平面立模线和检查控制线，据此进行上部施工。

（10）闸门、金属结构预埋件的安装放样点测量精度，应符合表 8-9 的要求。

表 8-9　闸门、金属结构预埋件的安装放样点测量精度　　　　　　　　单位：mm

项次	项目	测量中误差或相对中误差			说明
		纵向	横向	竖向	
1	平面闸门埋件测点 （1）底槛、主轨、反轨 （2）门楣	≤±2 ±1		±2	（1）纵向中误差系指对该孔门槽中心线而言 （2）横向中误差系指对该孔中心线而言 （3）竖向中误差系指对安装高程控制点而言
2	弧形闸门埋件测点 （1）底槛、侧止水座板、滚轮导板 （2）门楣 （3）铰座钢梁中心 （4）铰座的基础螺旋中心	±1	±2 ±1 ±1 ±1	±2 ±1 ±1	

（11）立模、砌（填）筑高程点放样，应遵守下列规定：

① 供混凝土立模使用的高程点，混凝土抹面层、金属结构预埋及混凝土预制构件安装时，均应采用有闭合条件的几何水准法测设。

② 对软土地基的高程测量是否要考虑沉陷因素，应与设计单位联系确定。

对闸门预埋件、安装高程和闸身上部结构高程的测量，应在闸底板上建立初始观测基点，采用相对高差进行测量。

二、施工导流

(1) 施工导流、截流及度汛应制订专项施工措施设计，重要的或技术难度较大的需报上级审批。

(2) 当按规定标准导流有困难时，经充分论证并报主管部门批准，可适当降低标准；但汛期前，工程应达到安全度汛的要求。

在感潮河口和滨海地区建闸时，其导流挡潮标准不应降低。

(3) 在引水河、渠上的导流工程应满足下游用水的最低水位和最小流量的要求。

(4) 在原河床上用分期围堰导流时，不宜过分束窄河面宽度，通航河道尚需满足航运的流速要求。

(5) 截流方法、龙口位置及宽度应根据水位、流量、河床冲刷性及施工条件等因素确定。

(6) 截流时间应根据施工进度，尽可能选择在枯水、低潮和非冰凌期。

(7) 对土质河床的截流段，应在足够范围内抛筑排列严密的防冲护底工程，并随龙口缩小及流速增大及时投料加固。

(8) 合龙过程中，应随时测定龙口的水力特征值，适时改换投料种类、抛投强度和改进抛投技术。截流后，应立即加筑前后戗，然后才能有计划地降低堰内水位，并完善导渗、防浪等措施。

(9) 在导流期内，必须对导流工程定期进行观测、检查，并及时维护。

(10) 拆除围堰前，应根据上下游水位、土质等情况确定充水、闸门开度等放水程序。

(11) 围堰拆除应符合设计要求，筑堰的块石、杂物等应拆除干净。

三、闸基开挖与处理

1. 排水和降低地下水位

(1) 场区排水系统的规划和设置应根据地形、施工期的径流量和基坑渗水量等情况确定，并应与场区外的排水系统相适应。

(2) 基坑的排水设施，应根据坑内的积水量、地下渗流量、围堰渗流量、降雨量等计算确定。抽水时，应适当限制水位下降速率。

(3) 基坑的外围应设置截水沟与围埝，防止地表水流入。

(4) 降低地下水位可根据工程地质和水文、地质情况，选用集水坑或井点降水。必要时，可配合采用截渗措施。

① 集水坑降水适用于无承压水的土层；

② 井点降水适用于砂壤土、粉细砂或有承压水的土层。

(5) 集水坑降水应符合下列规定。

① 抽水设备能力宜为基坑渗透流量和施工期最大日降雨径流量总和的 1.5~2.0 倍；

② 基坑底、排水沟底，集水坑底应保持一定深差；

③ 集水坑和排水沟应设置在建筑物底部轮廓线以外一定距离；

④ 挖深较大时，应分级设置平台和排水设施；

⑤ 流砂、管涌部位应采取反滤导渗措施。

（6）井点降水措施设计应包括：

① 井点降水计算（必要时，可做现场抽水试验，确定计算参数）；

② 井点平面布置、井深、井的结构、井点管路与施工道路交叉处的保护措施；

③ 抽水设备的型号和数量（包括备用量）；

④ 水位观测孔的位置和数量；

⑤ 降水范围内已有建筑物的安全措施。

（7）管井井点的设置应符合下列要求。

① 成孔宜采用清水固壁，采用泥浆护壁时，泥浆应符合有关规定；

② 井管应经常清洗，检查合格后方能使用，各段井管的连接应牢固；

③ 滤布、滤料应符合设计要求，滤布应紧固；井底滤料应分层铺填，井侧滤料应均匀连续填入，不得猛倒；

④ 成井后，应立即采用分段自上而下和抽停相间的程序抽水洗井；

⑤ 试抽时，应检查地下水位下降情况，调整水泵使抽水量与渗水量相适应，并达到预定降水高程。

（8）轻型井点设置应符合下列规定。

① 安装顺序宜为敷设集水总管，沉放井点管，灌填滤料，连接管路，安装抽水机组；

② 各部件均应安装严密，不漏气，集水总管与井点管宜用软管连接；

③ 冲孔孔径不应小于30cm，孔底应比管底深0.5m以上，管距宜为0.8～1.6m；

④ 每根井点管沉放后，应检查渗水性能；井点管与孔壁之间填砂滤料时，管口应有泥浆水冒出，或向管内灌水时，能很快下渗，方为合格；

⑤ 整个系统安装完毕后，应及时试抽，合格后，将孔口下0.5m深度范围用黏性土填塞。

（9）井点抽水时，应监视出水情况，如发现水质浑浊，应分析原因并及时处理。

（10）降水期间，应按时观测、记录水位和流量，对轻型井点应观测真空度。

（11）井点管拔除后，应按设计要求堵塞。

2. 基坑开挖

（1）基坑边坡应根据工程地质、降低地下水位措施和施工条件等情况，经稳定验算后确定。

（2）开挖前，应降低地下水位，使其低于开挖面0.5m。

（3）采用机械施工时，对进场道路和桥涵应进行调查和必要的加宽、加固。合理布置施工现场道路和作业场地，并加强维护。必要时，加铺路面。

（4）基坑开挖宜分层分段依次进行，逐层设置排水沟，层层下挖。

（5）根据土质、气候和施工机具等情况，基坑底部应留有一定厚度的保护层，在底部工程施工前，分块依次挖除。

（6）水力冲挖适用于粉砂、细砂、砂壤土、中轻粉质壤土、淤土和易崩解的黏性土。

（7）在负温下，挖除保护层后，应立即采取可靠的防冻措施。

3. 流砂处理

流砂现象是指位于细砂或粉砂层中的基坑，当挖至一定深度后，由于基坑的排水措施使原地下水位与坑内水位之间有相当高差，从而造成地下水渗透压力之差，当压力差达到一定程度后，砂层就会流动，产生流砂时，如基坑尚未达到计划深度，则必造成进一步开挖的困难；如基坑已挖至计划高程，则可能首先出现坡脚的坍陷，而后是边坡滑动，造成坑内流砂充塞，使下一工序的施工发生困难，甚至无法进行。

为了防治流砂，一般采用滤水拦砂的表面排水法或用预先降低地下水位的井点排水位。

4. 人工垫层施工

软基的处理方法甚多，中小型水闸用人工垫层是较好的方法之一，因其设备简单，土料可就地取材，节省木料、钢筋、水泥三材。垫层土料可用砂壤土和壤土等黏性土，也有一些工程用较纯的黏土，视当地能取得的合适土料而定。

（1）砂垫层选用水撼、振动等方法使之密实时，宜在饱和状态下进行。

（2）黏性土垫层宜用碾压和夯实法压实。填筑时，应控制地下水位低于基坑底面。

（3）黏性土垫层的填筑应做好防雨措施。填土面宜中部高四周低，以利排水。雨前，应将已铺的松土迅速压实或加以覆盖；雨后，对不合格的土料应晾晒或清除，经检查合格后，方可继续施工。

四、对各部位混凝土的要求

水闸各部位的尺寸不同，有厚有薄，布置的钢筋也有疏有密，因此，在浇捣混凝土时，因各部位的工作条件不同，其所采用的振捣方法、混凝土的坍落度以及所用石子的最大粒径等也应不同。

水闸各部位所用石子最大粒径、混凝土的水胶比及坍落度等见表 8-10。

表 8-10　水闸各部位混凝土施工的要求

工程部位		强度等级	坍落度/cm	水胶比	石子最大粒径/cm	备注
闸室平底板		C12	4	0.65～0.70	10	厚度较大的底板,底层及上层水灰比为 0.65,中间层水灰比可大些,为 0.70
闸室反拱底板		C15	4～5	0.55	10	—
岸翼墙底板		C12	4	0.65	10	—
混凝土护坦、消力池		C12～C15	4～5	0.55～0.65	10	—
闸墩		C12	4～5	0.65	10	—
胸墙		C12	4～6	0.65～0.70	5	底部薄壁,坍落度用 6cm;上部及大梁用 4cm
预制构件	交通桥空心梁	C23	6	0.45	3	—
	交通桥拱圈	C23	5	0.45	10	—

工程部位		强度等级	坍落度/cm	水胶比	石子最大粒径/cm	备注
预制构件	工作桥	C18	5～6	0.45	5～3	大梁下层及桥机板用 3cm 石子,其作用中小石子二级配
	岸翼墙侧拱	C15	6	0.57	5	—
	工作桥排架	C15～C18	6	0.50～0.60	5	—

注：本表数字来自某水闸的总结统计，仅供参考。

五、水闸混凝土分缝与分块

1. 浇筑块划分

水闸混凝土常由结构缝（包括沉陷缝与温度缝）将其分为许多结构块。为了施工方便，当结构块较大时，又须用施工缝分为若干个浇筑块。分块时应避免在弯矩及剪力较大处分缝，并应考虑建筑物的断面变化及模板的架立等因素。浇筑块的尺寸和体积要同结构块相协调，并同时考虑混凝土设备的生产能力和运输能力，以及浇筑的连续性。

（1）浇筑块面积　浇筑块的面积应能保证在混凝土浇筑中不发生冷缝，浇筑块的面积 A 计算公式为：

$$A \leqslant \frac{Qk(t-t_1)}{h}(\mathrm{m}^2)$$

式中　Q——浇筑仓面混凝土的实际生产能力，m^3/h；

　　　k——时间利用系数，可取 0.80～0.85；

　　　t——混凝土的初凝时间，h；

　　　t_1——混凝土的运输、浇筑所占的时间，h；

　　　h——混凝土铺料厚度，m。

当采用斜层浇筑法时，筑块的面积可以不受限制。

（2）浇筑块体积　浇筑块的体积不应大于混凝土拌和站的实际生产能力（当混凝土浇筑工作采用昼夜三班连续作业时，不受此限制），则浇筑块的体积 V 计算公式为：

$$V \leqslant Qm(\mathrm{m}^3)$$

式中　m——按一班或两班制施工时拌和站连续生产的时间，h；

　　　Q——混凝土拌和站的生产能力，m^3/h。

（3）浇筑块的高度　浇筑块的高度可视建筑物结构尺寸、季节施工要求及架立模板情况而定。若每日不采用三班连续生产时，还要受混凝土浇筑相应时间的生产量的限制，其计算公式为：

$$H \leqslant \frac{Qm}{F}$$

式中　H——浇筑块高度，m；

　　　Q——混凝土拌和站的生产能力，m^3/h；

　　　F——浇筑块平面面积，m^2；

　　　m——每日连续工作的小时数，h。

2. 浇筑顺序

水闸施工中混凝土的浇筑应按下列顺序进行。

(1) 先深后浅　即先浇深基础,后浇浅基础,以避免深基础的施工而扰动破坏浅基础土体,并可降低排水工作的难度。

(2) 先重后轻　即先浇荷重较大的部分,待其完成部分沉陷以后,再浇筑与其相邻的荷重较小的部分,以减少两者间的沉陷差。

(3) 先高后低　即先浇影响上部施工或高度较大的工程部位。如闸底板与闸墩应尽量先安排施工,以便上部桥梁与启闭设备安装施工。而翼墙、消力池等可安排稍后施工。

(4) 穿插进行　即在闸室施工的同时,可穿插铺盖、海墁等上、下游连接段的施工。

六、闸底板施工

1. 平底板施工

水闸平底板一般依沉陷缝分成许多浇筑块,每一浇筑块的厚度不大但面积往往较大,在运输混凝土入仓时必须在仓面上搭设纵横交错的脚手架。

在搭设脚手架前首先应预制很多混凝土柱(断面约为 15cm×15cm 的方形,高度应大致等于底板厚度,在浇制后次日用钢丝刷将其四周表面刷毛)。搭脚手架时,先在浇筑块的模板范围内竖立混凝土柱(柱的间距视脚手架横梁的跨度而定,可为 2~3m),柱顶高程应略低于闸底板的表面,在混凝土柱顶上设立短木柱、斜撑、横梁等以组成脚手架。

当底板浇筑接近完成时可将脚手架拆除,立即将表面混凝土抹平,这样混凝土柱便埋入浇筑块之内作为底板的一部分。

2. 反拱底板施工

(1) 施工顺序　由于反拱底板对地基的不均匀沉陷反应敏感,因此,通常采用以下两种施工顺序。

① 先浇闸墩及岸墙,后浇反拱底板。为了减少水闸各部分在自重作用下的不均匀沉陷,可将自重较大的闸墩、岸墙等先行浇筑,并在控制基底不致产生塑性开展的条件下,尽快均衡上升到顶。对于岸墙还应考虑尽量将墙后还土夯填到顶。这样,使闸墩岸墙预压沉实,然后再浇反拱底板,从而使底板的受力状态得到改善。此法目前采用较多,对于黏性土或砂性土均可采用。

② 反拱底板与闸墩岸墙同时浇筑。这种方法适用于地基较好的水闸,对于反拱底板的受力状态较为不利,但保证了建筑物的整体性,同时减少了施工工序,加快了进度。

(2) 施工要点

① 反拱底板一般采用土模,因此必须做好排水工作。尤其是砂土地基,不做好排水工作,拱模控制将很困难。

② 挖模前必须将基土夯实,放样时应严格控制曲线。土模挖出后,应先铺一层 10cm 厚的砂浆,待其具有一定强度后加盖保护,以待浇筑混凝土。

③ 采用先浇闸墩及岸墙,后浇反拱底板,在浇筑岸、墩墙底板时,应将接缝钢筋一头埋在岸、墩墙底板之内,另一头插入土模中,以备下一阶段浇入反拱底板。岸、墩墙浇筑完毕后,应尽量推迟底板的浇筑,以便岸、墩墙基础有更多的时间沉陷。为了减少混凝土的温度收缩应力,浇筑应尽量选择在低温季节进行,并注意施工缝的处理。

④ 当采用反拱底板与闸墩岸墙底同时浇筑时，为了减少不均匀沉降对整体浇筑的反拱底板的不利影响，可在拱脚处预留一缝，缝底设临时铁皮止水，缝顶设"假铰"，待大部分上部结构荷载施加以后，便在低温期用二期混凝土封堵。

⑤ 为了保证反拱底板的受力性能，在拱腔内浇筑的门槛、消力坎等构件，需在底板混凝土凝固后浇制二期混凝土，且不应使两者成为一个整体。

七、闸墩施工

闸墩施工特点是高度大，厚度薄，门槽处钢筋稠密，预埋件多，工作面狭窄，模板易变形且闸墩相对位置要求严格等。因此，闸墩施工中主要工作是立模和混凝土浇筑。

1. 闸墩的立模

为使闸墩混凝土一次浇筑达到设计高程，闸墩模板不仅要有足够的强度而且要有足够的刚度。因此，闸墩模板安装常采用"对销螺栓、铁板螺栓、对位撑木"的立模支撑方法。另外，也常用钢组合模板翻模法。

（1）"对销螺栓、铁板螺栓、对拉撑木"支模法　这种方法虽需耗用大量木材、钢材，工序繁多，但对中小型水闸施工仍较为方便。立模时应先立墩侧的平面模板，后立墩头曲面模板。应注意两点：一是要保证闸墩的厚度；二是要保证闸墩的垂直度。单墩浇筑时，一般多采用对销螺栓固定模板、斜撑和缆风固定整个闸墩模板；多墩同时浇筑时，则采用对销螺栓、铁板螺栓、对拉撑木固定。如图8-8～图8-10所示。

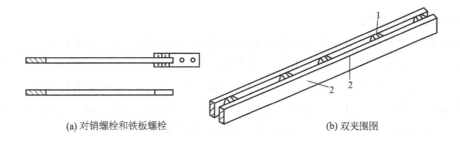

(a) 对销螺栓和铁板螺栓　　　　　　　　(b) 双夹围图

图 8-8　对销螺栓及双夹围图

1—每隔 1m 一块的 2.5cm 小木块；2—两块 5cm×15cm 的木板

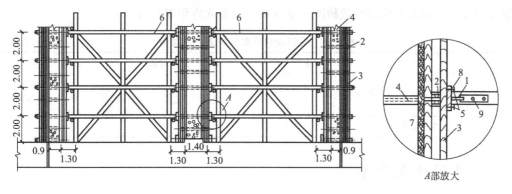

A部放大

图 8-9　铁板螺栓、对拉撑木支撑的闸墩模板（单位：m）

1—铁板螺栓；2—双夹围图；3—纵向围图；4—预埋塑料撑管；5—马钉；

6—钢管支撑；7—模板；8—木楔块；9—螺栓孔

（2）钢组合模板翻模法　钢组合模板在闸墩施工中应用广泛，常采用翻模法施工。立模时一次至少立3层，当第二层模板内混凝土浇至腰箍下缘时，第一层模板内腰箍以下部分的混凝土须达到脱模强度（以98kPa为宜），这样便可拆掉第一层模板，用于第四层支模，并绑扎钢筋。依次类推，以避免产生冷缝，保持混凝土浇筑的连续性。钢模组装方法如图8-11所示。

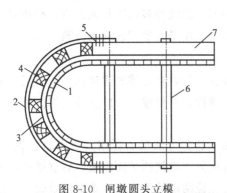

图8-10　闸墩圆头立模

1—模板；2—半圆钢筋环；3—板墙筋；4—竖直围图；
5—扁铁；6—毛竹管；7—双夹围图

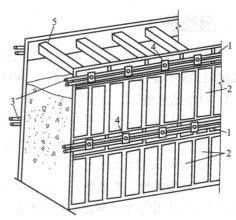

图8-11　钢模组装图

1—腰箍模板；2—定型钢模；3—双夹围图（钢管）；
4—对销螺栓；5—水泥撑头

2. 闸墩混凝土浇筑

闸墩混凝土浇筑时，为了保持各闸墩模板间的相对稳定和使底板受力均匀达到与设计条件相同，必须保护每块底板上各闸墩的混凝土均衡上升。因此，在运送混凝土入仓时，应很好地组织运料小车，使在同一时间内运到同一底板上各闸墩的混凝土量大致相同。

为了防止流态混凝土自8～10m高度下落时产生"离析"现象，必须在仓内设置导管，可每隔2～3m的间距设置一组，导管下端离浇筑面的距离应在1.5m以内。

小型水闸常用平面闸门，因此在闸墩立模浇筑时必须留出铅直的门槽位置。在门槽部位的混凝土中埋有导轨等铁件，如为滑动闸门则设滑动导轨，如为滚轮闸门则设主轮、侧轮及反轮导轨等。导轨及底槛的装置精度要求较高，一般允许误差见表8-11。

表8-11　门槽导轨及底槛装置允许误差　　　　　　　单位：mm

项　目	主轮导轨	侧轮导轨	反轮导轨	底槛导轨
工作表面前后位置的允许误差（工作范围内）	+2 -0	+5 -2	±5	高程允许误差：±10，前后位置允许误差：±3
左右位置的允许误差	±5	±5	±5	

八、接缝及止水施工

为了适应地基的不均匀沉降和伸缩变形，在水闸设计中均设置伸缩缝与沉陷缝，并常用沉陷缝替代伸缩缝作用。缝有铅直和水平两种，缝宽一般为1.0～2.5cm。缝中填料及止水设施，在施工中应按设计要求确保质量。

1. 填料施工

填充材料常用的有沥青油毛毡、沥青杉木板及沥青芦席等。其安装方法主要有以下两种。

（1）将填充材料用铁钉固定在模板内侧，铁钉不能完全钉入，至少要留有 1/3，再浇混凝土，拆模后填充材料即可贴在混凝土上。

（2）先在缝的一侧立模浇混凝土并在模板内侧预先钉好安装填充材料的铁钉数排，并使铁钉的 1/3 留在混凝土外面，然后安装填料、敲弯钉尖，使填料固定在混凝土面上。缝墩处的填缝材料，可借固定模板用的预制混凝土块和对销螺栓夹紧，使填充材料竖立平直。

2. 止水施工

所有位于防渗范围内的缝，都应有止水设施。止水设施可分为水平止水和垂直止水两种。

（1）水平止水　水闸水平止水大多利用塑料止水带或橡皮止水带，如图 8-12 所示。其安装方法有两种，如图 8-13 所示。

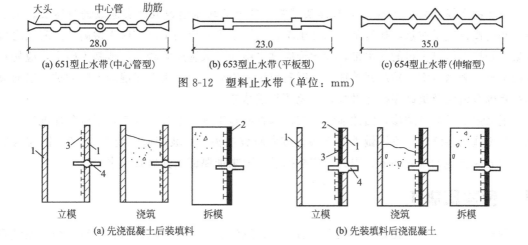

图 8-12　塑料止水带（单位：mm）

图 8-13　水平止水安装示意图
1—模板；2—填料；3—铁钉；4—止水带

（2）垂直止水　水闸垂直止水可以用止水带或金属止水片，常用沥青井加止水片的形式，其安装方法如图 8-14 和图 8-15 所示

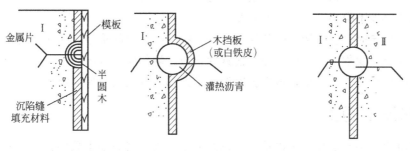

图 8-14　垂直止水施工方法（一）

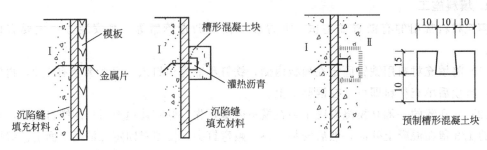

图 8-15　垂直止水施工方法（二）（单位：mm）

九、铺盖施工

铺筑前必须首先清基，将地基范围内的草皮树根清除干净，凡地基上的试坑、洞穴、水井、泉眼等均应采取措施堵塞填平。

防渗铺盖的填筑与一般黏性土的压实方法相同，要求控制土料的含水量接近于最优含水量，每坯铺土厚度为 20～30cm，按压实试验所规定的碾压遍数或夯实遍数进行压实。铺盖与地基的接合应予注意，如地基为黏性土壤，在铺填第一层松土之前应先检测基土表层之含水量是否接近填筑土料的含水量，如太干应洒水湿润，太湿应晾晒。如地基为砂土，应先将表面平整、洒水压实，然后开始铺土。铺盖填筑完成后，在做砌石或混凝土防冲护面以前应尽快将砾石垫层及黄砂保护层做好，以免晒裂或冰冻。

铺盖主要是为了防渗，因此通常不宜留垂直的施工缝，应分层施工，不应分片施工。如无法避免施工接缝时，不许做垂直接头，应做斜坡接头，其坡度应不陡于 1∶3。铺盖与底板接合处为防渗的薄弱环节，因此，应根据设计要求加厚铺盖并做好止水设备。

十、反滤层施工

填筑砂石反滤层应在地基检验合格后进行，反滤层厚度、滤料的粒径、级配和含泥量等均应符合要求。反滤层与护坦混凝土或浆砌石的交界面应加以隔离（多用水泥纸袋），防止砂浆流入。反滤层施工要点如下。

（1）铺筑砂石反滤层时，应使滤料处于湿润状态，以免颗粒分离，并防止杂物或不同规格的料物混入。

（2）相邻层面必须拍打平整，保证层次清楚，互不混杂。

（3）每层厚度不得小于设计厚度的 85%。

（4）分段铺筑时，应将接头处各层铺成阶梯状，防止层间错位、间断、混杂。

（5）铺筑土工织物反滤层应平整、松紧度均匀，端部应锚接牢固。

（6）连接可用搭接、缝接，搭接长度根据受力和地基土的条件而定。

十一、回填土施工

水闸混凝土及砌石工程告一段落，应在两侧岸、翼墙之后还土填实。

还土土料需较纯净，无腐殖质及碎砖、树根等杂物，土质宜为砂土或砂壤土，黏土或含黏土的土料均不宜作回填之用。土料含水量在 15%～21%，如含水量不合要求，应处理后再用。

第九章

水生植物景观设计与施工

第一节　水生植物概述

一、水生植物的定义及形体特征

　　能在水中生长的植物，统称为水生植物。广义的水生植物包括所有沼生、沉水或漂浮的植物。依据植物旺盛生长所需要的水的深度，水生植物可以进一步细分为深水植物、浮水植物、水缘植物、沼生植物或喜湿植物。

　　水生植物的细胞间隙特别发达，经常还发育有特殊的通气组织，以保证在植株的水下部分能有足够的氧气。水生植物的通气组织有开放式和封闭式两大类。莲等植物的通气组织属于开放式的，空气从叶片的气孔进入后能通过茎和叶的通气组织，从而进入地下茎和根部的气室。整个通气组织通过气孔直接与外界的空气进行交流。金鱼藻等植物的通气组织是封闭式的，它不与外界大气连通，只贮存光合作用产生的氧气供呼吸作用之用，以及呼吸作用产生的二氧化碳供光合作用之用。

　　水生植物的叶面积通常增大，表皮发育微弱或在有的情况下几乎没有表皮。沉没在水中的叶片部分表皮上没有气孔，而浮在水面上的叶片表面气孔则常常增多。此外，沉没在水中的叶子同化组织没有栅栏组织与海绵组织的分化。水生植物叶子的这些特点都是适应水物种分布中弱光、缺氧的环境条件的结果。水生植物在水中的叶片还常常分裂成带状或丝状，以增加对光、二氧化碳和无机盐类的吸收面积。同时这些非常薄、强烈分裂的叶片能充分吸收水体中丰富的无机盐和二氧化碳。十字花科的蔊菜就是一个典型的例子。它的叶片分为两型叶，水面上的叶片能够执行正常的光合作用的任务，而沉没在水中的、强烈分裂的叶片还能担负吸收无机盐的任务。

　　由于长期适应于水环境，生活在静水或流动很慢的水体中的植物茎内的机械组织几乎完全消失。根系的发育非常微弱，在有的情况下几乎没有根，主要是水中的叶代替了根的吸收功能，如狐尾藻。

　　水生植物以营养繁殖为主，如常见的作为饲料的水浮莲和凤眼莲等。有些植物即使不进行营养繁殖，也依靠水授粉，如苦草。

　　水生植物是指那些能够长期在水中正常生活的植物。水生植物是出色的游泳运动员或潜水者。它们常年生活在水中，形成了一套适应水生环境的本领。它们的叶子柔软而透明，有的形成为丝状（如金鱼藻）。丝状叶可以大大增加与水的接触面积，使叶子能最大限度地得到水里很少能得到的光照和吸收水里溶解得很少的二氧化碳，保证光合作用的进行。水生植物另一个突出特点是具有很发达的通气组织，莲藕是最典型的例子，它的叶柄和藕中有很多孔眼，这就是通气道。孔眼与孔眼相连，彼此贯穿形成为一个输送气体的通道网。这样，即使长在不含氧气或氧气缺乏的污泥中，仍可以生存下来。通气组织还可以增加浮力，维持身体平衡，这对水生植物也非常有利。在水生环境中还有种类众多的藻类及各种水草，它们是牲畜的饲料、鱼类的食料或鱼类繁殖的场所。开发水生植物资源必须坚持科学，不能盲目发展，尤其是对外来水生植物的引进上，必须注重生态平衡，这样才能真正对国民经济起好的效果和作用。

二、水生植物的分类

根据水生植物的生活方式，一般将其分为以下几大类：挺水植物、浮叶植物、沉水植物和漂浮植物。

1. 挺水植物

挺水型水生植物植株高大，花色艳丽，绝大多数有茎、叶之分；直立挺拔，下部或基部沉于水中，根或地茎扎入泥中生长，上部植株挺出水面（如图9-1所示）。挺水型植物种类繁多，常见的有荷花、千屈菜、菖蒲、黄菖蒲、水葱、再力花、梭鱼草、花叶芦竹、香蒲、泽泻、旱伞草、芦苇等。

图9-1 挺水植物

2. 浮叶植物

浮叶型水生植物的根状茎发达，花大、色艳，无明显的地上茎或茎细弱不能直立，叶片漂浮于水面上。常见种类有王莲、睡莲、萍蓬草、芡实、荇菜等，如图9-2所示。

浮叶植物有睡莲、荇菜、水鳖、芡实等。浮水植物如细叶满江红或凤眼莲，也能通过纤细的根吸收水中溶解的养分。深水植物如萍蓬草属和睡莲属植物，它们的根在池塘底部，花和叶漂浮在水面上，它们除了本身非常美丽外，还为池生物提供庇荫，并限制水藻的生长。

3. 漂浮植物

漂浮型水生植物种类较少，这类植株的根不生于泥中，株体漂浮于水面之上，随水流、风浪四处漂泊，多数以观叶为主，为池水提供装饰和绿荫，如图9-3所示。

图 9-2　浮叶植物

因为它们既能吸收水里的矿物质，同时又能遮蔽射入水中的阳光，所以也能够抑制水体中藻类的生长。漂浮植物的生长速度很快，能更快地提供水面的遮盖装饰。但有些品种生长、繁衍得特别迅速，可能会成为水中一害，如水葫芦等。所以需要定期用网捞出一些，否则它们就会覆盖整个水面。另外，也不要将这类植物引入面积较大的池塘，因为如果想将这类植物从大池塘当中除去将会非常困难。

图 9-3　漂浮植物

4. 沉水植物

沉水型水生植物根茎生于泥中，整个植株沉入水中，具发达的通气组织，利于进行气体交换。叶多为狭长或丝状，能吸收水中部分养分，在水下弱光的条件下也能正常生长发育。对水质有一定的要求，因为水质浑浊会影响其光合作用。花小，花期短，以观叶为主，如图 9-4 所示。

沉水植物，如软骨草属或狐尾藻属植物，在水中担当着"造氧机"的角色，为池塘中的其他生物提供生长所必需的溶解氧；同时，它们还能够除去水中过剩的养分，因而通过控制水藻生长而保持水体的清澈。水藻过多会导致水质浑浊、发绿，并遮挡水生植物和池塘生物健壮生长所必需的光线。沉水植物有轮叶黑藻、金鱼藻、马来眼子菜、苦草、菹草等。

图 9-4　沉水植物

5. 水缘植物

这类植物生长在水池边，从水深 23cm 处到水池边的泥里，都可以生长。水缘植物的品种非常多，主要起观赏作用。种植在小型野生生物水池边的水缘植物，可以为水鸟和其他光顾水池的动物提供藏身的地方。在自然条件下生长的水缘植物，可能会成片蔓延，不过，移植到小型水池边以后，只要经常修剪，用培植盆控制根部的蔓延，不会有什么问题。一些预制模的水池带有浅水区，是专门为水缘植物预备的。当然，植物也可以种植在平底的培植盆里，直接放在浅水区，如图 9-5 所示。

6. 喜湿植物

这类植物生长在水池或小溪边沿湿润的土壤里，但是根部不能浸没在水中。喜湿性植物不是真正的水生植物，只是它们喜欢生长在有水的地方，根部只有在长期保持湿润的情况下，它们才能旺盛生长。常见的有樱草类、玉簪类和落新妇类等植物，另外还有柳树等木本植物，如图 9-6 所示。

图 9-5　水缘植物

图 9-6　喜湿植物

三、水生植物的选择原则

1. 以建造一个生态平衡，没有水藻的水体为前提

要使水体里没有水藻，则水体必须具有足够大的表面积，这样才可以使那些只有依赖于阳光才能生存的水藻难以存活。因此，就需要叶片覆盖水面的植物来创造和实现，在春季长叶片的水生植物中，睡莲科水生植物的作用和地位最为重要和显著，深水型水生植物或浮水型水生植物也能起到这样的覆盖作用。同时，水体中还需要有足够多的植物来消耗水藻存活所依靠的矿物盐，从而使水藻难以生存。如深水型水生植物和浮水型水生植物为得到养分而相互竞争，在这种不利的状况下，水藻会死亡，水体的水也就得以保持清洁。

因此，要想得到一个生态平衡的水体，水体表面大约 1/3 区域要被叶片所覆盖，而且该水体必须长有大量的深水型水生植物。使用杀藻剂或过滤器能帮助清洁水体，但是植物之间良好生态平衡的建立，应该通过长久性地解决水藻问题来实现。

2. 结合水景的用途和类型

当水体中种植的具有某种特殊用途的植物达不到一定期限量时，可以选择种植一些其他类型的植物，如水际植物和沼生植物，注意这些植物应与水体的设计相匹配。当用于水体的植物按某些模式而不是随意种植时，这个水体看起来会更加规整；如果使用3～5种植物而不是更多，这种规整的感觉会得到加强。为了尽情享受水面反射给人们带来的乐趣，可以种植那些低矮的深水型水生植物，它们可以一直生活在水面下而不被人们看到，它们也不会阻碍水面犹如镜子般的反射效果。自然式的水体应种有各种各样的植物来弥补周围环境的不足，从而使该水池尽可能地贴近自然。

3. 结合植物的生长习性

（1）大多数开花植物都需要阳光，因此，水体的表面不应被任何长的、高的、浓密的，尤其是生长在水体南面的水际植物所遮蔽。

（2）大多数水生植物，除了大多数水际植物外，都能承受流动的水对它们的冲击。特殊情况下，在静态水的边界，小心地放置一些石头，来引导水流向水池或小溪的中心流动，这样，流动水体的边上就可以种植植物了。

（3）种有野生植物的水体中，应该种植当地的乡土植物，或引进一些可食用的植物，应尽可能地促进更多的野生植物长成高大的水际植物，从而形成一或两个遮蔽水面的区域。

（4）根据深水型水生植物、沉水型水生植物在水中的种植深度要求，可以把它们种在水池中较深的地方，留出较浅的区域给水际植物，留出沼泽区域给沼生植物。摆放容器植物的原理是一样的，如果需要，可以把水际植物放置在砖块上，使它们生于合适的深度。

4. 充分考虑水生植物的花期

只有当水体充满水时，才植入植物。深水型水生植物在脱离水后的1～2h开始死亡。当建造一个观赏性的水体时，最值得考虑的问题是该水体中所种植植物的开花期。大多数开花的水生植物，包括睡莲科水生植物，夏季是它们生长最好的时候。由于夏季开花的植物在秋季与春季不开花，这段时间必须由秋季和春季开花的品种来弥补。因此，应选择不同种类的植物，以达到和谐的效果。

四、水生植物种植设计基本方法

水景设计同其他植物类群的设计遵循相同的原则，就是使用对比或互补的色彩、质地和形状。如果选择具有多样化的叶子、花色、花形以及种实的水生植物，它们可以提供范围广泛的多种趣味。

提供不同的水深条件是种植不同种类水生植物的基础。深水植物，如水面开白花、气味芳香的长柄水蕹是具有芦荟状的带尖叶子的浮水植物，水剑叶需要约1m的水深，睡莲属植物花色素雅，颜色从纯白色到深红色，根系生长需要的水深是15～100cm，因物种和品种而异。

水缘植物是种类最多的水生植物，从湿泥地到30～45cm深的水中都可生长。水缘植物在装饰人工或自然水塘的边缘、产生有趣的倒影和为野生生物提供庇护方面，都具有不可估量的价值。水缘植物形态多样，睡菜春天开出秀丽的白色花簇，光滑亮泽的叶子在水面铺开，花蔺花茎直立，顶部开着伞形小巧的粉红色花，坚实的沼芋属植物花似海芋，叶子漂亮。

水生植物种植设计是园林水景工程的详细设计内容之一，当初步方案决定之后，便可在总体方案基础上与其他详细设计同时展开。种植设计的具体步骤如下。

（1）研究初步方案　明确植物材料在空间组织、造景、改善基地条件等方面应起的作用，作出种植方案构思图。

（2）选择植物　植物的选择应以基地所在地区的乡土植物种类为主，同时也应考虑已被证明能适应本地生长条件、长势良好的外来或引进的植物种类。另外还要考虑植物材料的来源是否方便、规格和价格是否合适、养护管理是否容易等因素。

（3）详细种植设计　在此阶段应该用植物材料使种植方案中的构思具体化，包括详细的种植配置平面、植物的种类和数量、种植间距等。详细设计中确定植物应从植物的形状、色彩、质感、季相变化、生长速度、生长习性、配置在一起的效果等方面去考虑，以满足种植方案中的各种要求。

（4）种植平面及有关说明　在种植设计完成后就要着手准备绘制种植施工图和标注说明。种植平面是种植施工的依据，其中应包括植物的平面位置和范围、详尽的尺寸、植物的种类和数量、苗木的规格、详细的种植方法、种植坛或种植台的详图、管理和栽后保质期限等图纸与文字内容。

第二节　水生植物配置设计

各类水体的植物配置不管是静态水景或是动态水景，都离不开植物造景。园林中的各种水体如湖泊、河川、池泉、溪涧、港汊的植物配置，要符合水体生态环境要求，水边植物宜选用耐水喜湿、姿态优美、色泽鲜明的乔木和灌木，或构成主景，或同花草、湖石结合装饰驳岸。

一、水边植物配置

1. 水边植物配植的艺术构图

（1）色彩构图　淡绿透明的水色，是调和各种园林景物色彩的底色，如水边碧草、绿叶，水中蓝天、白云。但对绚丽的开花乔灌木及草本花卉，或秋色却具衬托的作用。英国某苗圃办公室临近水面，办公室建筑为白色墙面，与近旁湖面间铺以碧草，水边配植一棵樱花、一株杜鹃。水中映着蓝天、白云、白房、粉红的樱花、鲜红的杜鹃。色彩运用非常简练，倒影清晰，景观活泼又醒目。南京白鹭洲公园水池旁种植的落羽松和蔷薇。春季落羽松嫩绿色的枝叶像一片绿色屏障衬托出粉红色的花朵，绿水与其倒影的色彩非常调和；秋季棕褐色的秋色叶丰富了水中色彩。上海动物园天鹅湖畔及杭州植物园山水园湖边的香樟春色叶色彩丰富，有的呈红棕色，也有嫩绿、黄绿等不同的绿色，丰富了水中春季色彩，并可以维持数周效果。如再植以乌桕、苦楝等耐水湿树种，则秋季水中倒影又可增添红、黄、紫等色彩。

（2）线条构图　平直的水面通过配植具有各种树形及线条的植物，可丰富线条构图。英国勃兰哈姆公园湖边配植钻天杨、杂种柳、欧洲七叶树及北非雪松。高高的钻天杨与低垂水面的柳条与平直的水面形成强烈的对比，而水中浑圆的欧洲七叶树树冠倒影及北非雪松圆锥形树冠轮廓线的对比也非常鲜明。我国园林中自主水边也主张植以垂柳，造成柔条拂水，湖上新春的景色。此外，在水边种植落羽松、池杉、水杉及具有下垂气根的小叶榕均能起到线条构图的作用。另外，水边植物栽植的方式，探向水面的枝条，或平伸、或斜展、或拱曲，在水面上都可形成优美的线条。

(3) 透景与借景　水边植物配植切忌等距种植及整形式修剪，以免失去画意。栽植片林时，留出透景线，利用树干、树冠框以对岸景点。如颐和园昆明湖边利用侧柏林的透景线，框万寿山佛香阁这组景观。英国谢菲尔德公园的湖面，也利用湖边片林中留出的透景线及倾向湖面的地形，引导游客很自然地步向水边欣赏对岸的红枫、卫矛及北美紫树的秋叶。一些姿态优美的树种，其倾向水面的枝、干可被用作框架，以远处的景色为画，构成一幅自然的画面，如南宁南湖公园水边植有很多枝、干斜向水面，弯曲有致的相思，透过其枝、干，正好框住远处的多孔桥，画面优美而自然。探向水面的枝、干，尤其似倒未倒的水边大乔木，在构图上可起到增加水面层次的作用，并且富于野趣。如三潭印月倒向水面的大叶柳。园内外互为借景也常通过植物配置来完成。颐和园借西山峰峦和玉泉塔为景，是通过在昆明湖西堤种植柳树和丛生的芦苇，形成一堵封闭的绿墙，遮挡了西部的园墙，使园内外界线无形中消失了。西堤上六座亭桥起到空间的通透作用，使园林空间有扩大感。当游人站在东岸，越过西堤，从柳树组成的树冠线望去，玉泉塔在西山群峰背景下，似为园内的景点。

2. 驳岸与石岸的植物配植

(1) 驳岸的植物配植　岸边植物配植很重要，既能使山和水融成一体，又对水面空间的景观起着主导的作用。驳岸有土岸、石岸、混凝土岸等。自然式的土驳岸常在岸边打入树桩加固。我国园林中采用石驳岸及混凝土驳岸居多。自然式土岸边的植物配植最忌等距离、用同一树种、同样大小、甚至整形式修剪，绕岸栽植一圈。应结合地形、道路、岸线自己植，有近有远，有疏有密，有断有续，曲曲弯弯，自然有趣。英国园林中自然式土岸边的植物配植，多半以草坪为底色，为引导游人到水边赏花。常种植大批宿根、球根花卉。如落新妇、围裙水仙、雪钟花、绵枣儿、报春属以及蓼科、天南星科、鸢尾属、毛茛属植物。红色、白色、蓝色、黄色等色五彩缤纷，犹如我国青海湖边、新疆喀纳斯湖边的五花草甸。为引导人临水倒影，则在岸边植以大量花灌木、树丛及姿态优美的孤立树。尤其是变色叶树种，一年四季具有色彩。土岸常少许高出最高水面，站在岸边伸手可及水面，便于游人亲水、嬉水。我国上海龙柏饭店内的花园设计属英国风格。起伏的草坪延伸到自然式的土岸、水边。岸边自然地配置了鲜红的杜鹃花和红枫，衬出嫩绿的垂柳，以雪松、龙柏为背景，水中倒影清晰。杭州植物山水园的土岸边，一组树丛植有四个层次，高低错落、延伸到水面上的合欢枝条，以及水中倒影颇具自然之趣。早春有红色的山茶、红枫，黄色的南迎春、黄菖蒲，白色的毛白杜鹃及芳香的含笑；夏有合欢；秋有桂花、枫香、鸡爪槭；冬有马尾松、杜英。四季常青，色香俱备。

(2) 石岸的植物配植　规则式的石岸线条生硬、枯燥。柔软多变的植物枝条可补其拙。自然式的石岸线条丰富，优美的植物线条及色彩可增添景色与趣味。苏州拙政园规则式的石岸边种植垂柳和南迎春，细长柔和的柳枝下垂至水面，圆拱形的南迎春枝条沿着笔直的石岸壁下垂至水面，遮挡了石岸的丑陋。一些大水面规则式石岸很难被全部遮挡，只能用些花灌木和藤本植物，诸如夹竹桃、南迎春、地锦、薜荔等来局部遮挡，稍加改善，增加些活泼气氛。自然式石岸的岸石植物配植时宜露美、遮丑，苏州网师园的湖石岸用南迎春遮得太满，北京北海公园静心斋旁的石岸、石矶也被地锦几乎全覆盖，失去了岸石的魅力。

二、水面植物配置

水面的景观低于人的视线，与水边景观呼应，适宜游人的观赏。水面具有开敞的空间效果。特别是面积较大的水面常给人空旷的感觉。用水生植物点缀水面，可以增加水面的色彩，丰富水面的层次，使寂静的水面得到装饰和衬托，显得生机勃勃，而植物产生的倒影更使水面富有情趣。

适宜于布置水面的植物材料有荷花、睡莲、王莲、凤眼莲、萍蓬莲、香菱等。不同的植物材料和不同的水面形成不同的景观，如在广阔的湖面种植睡莲，碧波荡漾，浮光掠影，轻风吹过泛起阵阵涟漪，景色十分壮观。在小水池中点缀几丛睡莲，显得清新秀丽、生机盎然。而王莲由于具有硕大如盘的叶片，在较大的水面种植才能显示其粗犷雄壮的气势。

水中植物配置用荷花，以体现"接天莲叶无穷碧，映日荷花别样红"的意境。但若岸边有亭、台、楼、阁、榭、塔等园林建筑时，或者设计中有优美树姿、色彩艳丽的观花、观叶树种时，则水中植物配置切忌拥塞，留出足够空旷的水面来展示倒影。水体中水生植物配置的面积以不超过水面的1/3为宜。在较大的水体旁种高大乔木时，要注意林冠线的起伏和透景线的开辟。在有景可映的水面，不宜多栽植水生植物，以扩大空间感，将远山、近树、建筑物等组成一幅"水中画"。

三、堤、岛植物配置

水体中设置堤、岛是划分水面空间的主要手段。而堤、岛上的植物配置，不仅增添了水面空间的层次，而且丰富了水面空间的色彩，倒影成为主要的景观。

1. 堤

堤在园林中虽不多见，但杭州的苏堤、白堤，北京颐和园的西堤，广州流花湖公园及南宁南湖公园都有长短不同的堤，堤常与桥相连，也是重要的游览路线之一。苏堤、白堤除桃红柳绿、碧草的景色外，各桥头配置不同植物，苏堤上还设置有花坛。北京颐和园西堤以杨、柳为主，玉带桥以浓郁的树林为背景，更衬出桥身洁白。广州流花湖公园湖堤两旁，各植两排蒲葵，由于水中反射光强，蒲葵的趋光性，导致朝向水面倾斜生长，富于动势，如图9-7所示。远处望去，游客往往疑为椰林。南湖公园堤上各处架桥，最佳的植物配置是在桥的两端很简洁地种植数株假槟榔，潇洒秀丽。水中三孔桥与假槟榔的倒影清晰可见。

2. 岛

岛的类型众多，大小各异。有可游的半岛及湖中岛，也有仅供远眺、观赏的湖中岛。前者在植物配置时还要考虑导游路线，不能有碍交通，后者不考虑导游，植物配置密度较大，要求四面皆有景可赏。北京北海公园琼华岛面积5.9hm²，孤悬水面东南隅。古人以"堆云""叠翠"来概括琼华岛的景色。其中"叠翠"，就是形容岛上青翠欲滴的松柏犹如珠矶翡翠的汇积。全岛植物种类丰富，环岛以柳为主，间植刺槐、侧柏、合欢、紫藤等植物。四季常青的松柏不但将岛上的亭、台、楼、阁掩映其间，并以其浓重的色彩烘托出岛顶白塔的洁白。杭州三潭印月可谓是湖岛的绝例。全岛面积约7hm²，岛内由东西、南北两条堤将岛划分成田字形的四个水面空间。堤上植大叶柳、香樟、木芙蓉、紫藤、紫簇等乔灌木，疏密有致，

图 9-7　广州流花湖公园

高低有序，增加了湖岛的层次、景深和丰富的林冠线。构成了整个西湖的湖中有岛、岛中套湖的奇景。而这种虚实对比、交替变化的园林空间在巧妙的植物配置下，表现得淋漓尽致。综观三潭印月这一庞大的湖岛，在比例上与西湖极为相称。公园中不乏小岛屿，组成园中景观，北京什刹海的小岛上遍植柳树。长江以南各公园或动物园中水禽湖、天鹅湖中，岛上常植以池杉，林下遍种较耐阴的二月兰、玉簪，岛边配置十姐妹等开花藤灌探向水面，浅水中种植黄花鸢尾等，既供游客赏景，也是水禽良好的栖息地。英国的丘园及屈来斯哥教堂花园中的湖岛突出杜鹃，盛开时，湖中倒影一片鲜红，白天鹅自由自在地游戏在湖中，非常自然。也有故意疏于管理，使岛上植物群落富于野趣。广东的小鸟天堂，就是独木成林的榕树，引来了大批飞鸟。不受干扰的绿岛，具有良好的引鸟功能，如图 9-8 所示。

图 9-8　广东的小鸟天堂

四、水边绿化树种选择

水边绿化树种首先要具备一定耐水湿的能力，另外还要符合设计意图中美化的要求。我国从南到北常见应用的树种有水松、蒲桃、小叶榕、高山榕、水翁、水石榕、紫花羊蹄甲、木麻黄、椰子、蒲葵、落羽松、池杉、水杉、大叶柳、垂柳、旱柳、水冬瓜、乌桕、苦楝、悬铃木、枫香、枫杨、三角枫、重阳木、柿、榔榆、桑、柘、梨属、白蜡属、垂柳、海棠、香樟、棕榈、无患子、蔷薇、紫藤、南迎春、连翘、棣棠、夹竹桃、桧柏、丝棉木等。英国园林中水边常见的树种中观赏树姿的有垂枝柳叶梨、巨杉、北美红杉、北美黑松、钻天杨、杂种柳、七叶树、北非雪松等；色叶树种有红松、水杉、中华石楠、鸡爪槭、英国栎、北美紫树、连香树、落羽松、池杉、卫矛、金钱松、日光槭、血皮槭、糖槭、圆叶槭、佛塞纪木、银杏、北美枫香、枫香、金松、花楸属、北美唐棣等；变叶树种有灰绿北非雪松、灰绿北美云杉、金黄挪威槭、金黄美洲花柏、金黄大果柏、紫叶山毛榉、金黄叶刺槐、紫叶臻、紫叶小檗、金黄叶山梅花、全黄叶接骨木等；常见的花灌木有多花四照花、杜鹃属、欧石楠、红脉吊钟花、花楸属、八仙花、圆锥八仙花、北美唐棣、山楂属等。

第三节　水生植物栽植

一、水生植物栽植技术途径

水生植物的栽植主要有以下两种技术途径。

① 池底铺至少15cm的培养土，将水生植物植入土中。

② 将水生植物种在容器中，将容器沉入水中。

二、水生植物种植要求

1. 种植器的选择

水生植物的种植器，可结合水池建造时，在适宜的水深处砌筑种植槽，再加上腐殖质多的培养土。应选用木箱、竹篮、柳条筐等在一年之内不致腐朽的材料，同时注意装土栽种以后，在水中不致倾倒或被风浪吹翻。一般不用有孔的容器，因为培养土及其肥效很容易流失到水里，甚至污染水质。

不同水生植物对水深要求不同，同时容器放置的位置也有一定的艺术要求，解决的方法主要有以下两种。

① 水中砌砖石方台，将容器顶托在适当的深度上，稳妥可靠。

② 用两根耐水的绳索捆住容器，然后将绳索固定在岸边，压在石下，如水位距岸边很近，岸上又有假山石散点，较易将绳索隐蔽起来。

2. 土壤的要求

水生植物种植时所用的土壤可用干净的园土，细细地筛过，去掉土中的小树枝、草根、杂草、枯叶等，尽量避免用塘里的稀泥，以免掺入水生杂草的种子或其他有害杂菌。以此为主要材料，再加入少量粗骨粉及一些慢性的氮肥。

三、水生植物栽植管理

水生植物的管理一般比较简单，栽植后，除日常管理工作之外，还要注意以下几点。

① 检查有无病虫害。

② 检查是否拥挤，一般过 3～4 年需要进行一次分株。

③ 定期施加追肥。

④ 清除水中的杂草。池底或池水过于污浊时要换水或彻底清理。

第十章

水景水质与水体净化

第一节　水景水质要求

园林水景工程水源、充水、补水的水质应符合《城市污水再生利用　景观环境用水水质》（GB/T 18921—2002）与《地表水环境质量标准》（GB 3838—2002）的要求。

一、水景水质基础

1. 景观环境用水常用术语

景观环境用水常用术语见表 10-1。

表 10-1　景观环境用水常用术语

序号	名称	说　　明
1	再生水	指污水经适当再生工艺处理后具有一定使用功能的水
2	景观环境用水	指满足景观需要的环境用水,即用于营造城市景观水体和各种水景构筑物的水的总称
3	观赏性景观环境用水	指人体非直接接触的景观环境用水,包括不设娱乐设施的景观河道、景观湖泊及其他观赏性景观用水。它们由再生水组成,或部分由再生水组成(另一部分由天然水或自来水组成)
4	娱乐性景观环境用水	指人体非全身性接触的景观环境用水,包括设有娱乐设施的景观河道、景观湖泊及其他娱乐性景观用水。它们由再生水组成,或部分由再生水组成(另一部分由天然水或自来水组成)
5	河道类水体	指景观河道类连续流动水体
6	湖泊类水体	指景观湖泊类非连续流动水体
7	水景类用水	指用于人造瀑布、喷泉、娱乐、观赏等设施的用水
8	水力停留时间	再生水在景观河道内的平均停留时间
9	静止停留时间	湖泊类水体非换水(即非连续流动)期间的停留时间

2. 园林水景的水质要求

我国于 2007 年 6 月发布了中国工程建设标准化协会标准《水景喷泉工程技术规程》（CECS 218—2007），该规程对水景工程的水源、充水、补水的水质根据其不同功能确定作了较明确的规定。

① 人体非全身性接触的娱乐性景观环境用水水质，应符合国家标准《地表水环境质量标准》（GB 3838—2002）中规定的 Ⅳ 类标准；

② 人体非直接接触的观赏性景观环境用水水质应符合国家标准《地表水环境质量标准》（GB 3838—2002）中规定的 Ⅴ 类标准；

③ 高压人工造雾系统水源水质应符合现行国家标准《生活饮用水卫生标准》 （GB

5749—2006）或《地表水环境质量标准》（GB 3838—2002）规定；

④ 高压人工造雾设备的出水水质应符合现行国家标准《生活饮用水卫生标准》（GB 5749—2006）的规定；

⑤ 旱泉、水旱泉的出水水质应符合现行国家标准《生活饮用水卫生标准》（GB 5749—2006）的规定；

⑥ 在水资源匮乏地区，如采用再生水作为初次充水或补水水源，其水质不应低于现行国家标准《城市污水再生利用　景观环境用水水质》（GB/T 18921—2002）的规定。

当水景工程的水质无法满足上述规定时，应进行水质净化处理。

北京奥运会期间所建设的奥运公园是从北小河污水处理厂取景用水，北小河污水处理厂是北京市第一座二级污水处理厂，于 1990 年竣工并投入运行，日处理污水 40000m³，承担着亚运村及北苑一带流域范围的污水收集和处理工作。改扩建工程完成后，北小河污水处理厂日处理达到 100000m³ 的能力。北小河再生水厂采用国际上最先进的膜处理技术，使其出水水质可以达到高级景观用水、甚至饮用水的标准。奥运公园再生水湖采用再生水（如图 10-1 所示）。北京城市污水经清河再生水厂处理后，被输送到奥运主体育馆鸟巢的人工湖（如图 10-2 所示）。

图 10-1　奥运公园再生水湖

图 10-2　鸟巢前的人工湖采用了再生水

3. 景观环境用水再生水利用方式

（1）污水再生水厂的水源宜优先选用生活污水或不包含重污染工业废水在内的城市污水。

（2）当完全使用再生水时，景观河道类水体的水力停留时间宜在 5 天以内。

（3）完全使用再生水作为景观湖泊类水体，在水温超过 25℃时，其水体静止停留时间不宜超过 3 天；而在水温不超过 25℃时，则可适当延长水体静止停留时间，冬季可延长水体静止停留时间至一个月左右。

（4）当加设表曝类装置增强水面扰动时，可酌情延长河道类水体水力停留时间和湖泊类水体静止停留时间。

（5）流动换水方式宜采用低进高出。

（6）应充分注意两类水体底泥淤积情况，进行季节性或定期性清淤。

4. 地表水水域功能和标准分类

依据地表水水域环境功能和保护目标，按功能高低依次划分为五类：

① Ⅰ类：主要适用于源头水、国家自然保护区。

② Ⅱ类：主要适用于集中式生活饮用水地表水源地一级保护区、珍稀水生生物栖息地、鱼虾类产卵场、仔稚幼鱼的索饵场等。

③ Ⅲ类：主要适用于集中式生活饮用水地表水源地二级保护区、鱼虾类越冬场、洄游通道、水产养殖区等渔业水域及游泳区。

④ Ⅳ类：主要适用于一般工业用水区及人体非直接接触的娱乐用水区。

⑤ Ⅴ类：主要适用于农业用水区及一般景观要求水域。

对应地表水上述五类水域功能，将地表水环境质量标准基本项目标准值分为五类，不同功能类别分别执行相应类别的标准值。水域功能类别高的标准值严于水域功能类别低的标准值。同一水域兼有多类使用功能的，执行最高功能类别对应的标准值。实现水域功能与达功能类别标准为同一含义。

5. 水质的保障措施和水质处理方法

水质的保障措施和水质处理方法应符合下列规定。

① 水质保障措施和水质处理方法的选择应经技术经济比较确定。

② 宜利用天然或人工河道，且应使水体流动。

③ 宜通过设置喷泉、瀑布、跌水等措施增加水体溶解氧。

④ 可因地制宜采取生态修复工程净化水质。

⑤ 应采取抑制水体中菌类生长、防止水体藻类滋生的措施。

⑥ 容积不大于 $500m^3$ 的景观水体宜采用物理化学处理方法，如混凝沉淀、过滤、加药气浮和消毒等。

⑦ 容积大于 $500m^3$ 的景观水体宜用生态生化处理方法，如生物接触氧化、人工湿地等。

二、水景水质存在的问题及原因

1. 水景设计时存在的问题

目前水景设计时对水质要求的问题，主要是设计与治理缺少同步考虑，这方面问题主要是由于专业不同造成的。设计公司设计时一般只考虑景观手法和文化表现，没有考虑水质治理问题，而水质治理的问题是由环境保护专业进行解决的。

2. 水景治理方面的问题

水景治理维护需要用许多心思，水景若不进行治理与养护，即会变成浑水和污水，也可能对景观本身产生极为不利的影响。

大多数景观水体（如人工湖、人工池塘等），由于没有按自然水理设计，大多是基本封闭的系统，几乎无自净能力。而且大多数景观水体内部组构不合理，加上外来物质输入，随着时间的推移必将产生富营养化，最终使得水体变得浑浊不堪，后果严重的甚至导致水体发黑、变臭，严重影响景观水体的美观。如图10-3～图10-6所示为受污染的人工湖及小溪水体。

图10-3 受污染的水池　　　　　　　图10-4 被污染的小溪

图10-5 水体发黑的湖　　　　　　　图10-6 绿藻滋生的人工湖

3. 污染物的主要来源

作为人工景观水体，其污染物主要来源于区域内排放的生活污水、雨水、生活垃圾、建筑垃圾及其渗滤液、漂浮物和施工尘土等。尤其是生活污水中含有大量的有机污染物及氮、磷等植物营养物，植物营养物进入天然水体后将使水体水质恶化，加速水体的富营养化过程，影响水面的利用。

4. 水景水质变坏的主要原因

大量的研究成果表明，景观水体（特别是封闭水体）中的有机物是引起富营养化的罪魁祸首，富营养化主要表现为藻类过量繁殖，是导致水体变黑、变臭的根本原因。

藻类是一种低等植物，其种类繁多，主要有蓝藻、绿藻、硅藻、褐藻和金藻等。藻类一般是无机营养的，其细胞内含有叶绿素及其他辅助色素，能进行光合作用。在有光照时，能利用光能吸收二氧化碳合成细胞物质。蓝藻是单细胞或丝状的群体，其细胞内除含有叶绿素等色素外，还含有多量的蓝藻类，因此藻体呈蓝绿色，有时带黄褐色甚至红色。在水池湖泊中生长旺盛时，能使水色变成蓝色或其他颜色，并同时发出草腥气味或霉味。

除病原微生物之外，其他微生物对水质的影响主要表现在物理性质方面，当它们大量繁殖时会使水发生浑浊，呈现颜色或发出不良气味。这类微生物包括藻类、原生动物等，其中以藻类更为重要。这是因为一般湖泊水中所含有机物往往较少，却含有足够的无机养料，可供自养型的藻类很好地利用。

绿藻是单细胞或多细胞的绿色植物，有的个体较大，如水绵、水网藻等，有些则很小，必须用显微镜才能看到，如小球藻等。其细胞中的色素以叶绿素为主，大部分种类适合在微碱性环境中生长，并在春夏之交和秋季生长得最旺盛，并产生鱼腥味。

第二节　水景水质处理

随着生活水平的提高，城市居民的居住条件得到了很好的改善，人们越来越向往回归大自然。城市水环境日益受到社会各界的关注，并成为影响居住的一个重要因素。人工景观水域概括来说可以分为两大类：一是利用地势或土建结构，仿照天然水景观而成，如溪流、瀑布、人工湖泊、人工河道、泉道、景观水池等；二是完全依靠喷泉设备造景，如程序控制喷泉、旱地喷泉、雾化喷泉、水幕喷泉等。但是随着时间的推移，人工水晶出现了水质恶化、养护困难等诸多问题。

1. 人工水景污染分析

根据人工水景水体污染物的来源，一般来说污染物可分成以下几部分。

（1）城市生活污水污染　指居民生活污水、公共场所排放的污废水中含有的污染物。

（2）工业废水污染　指工矿企业在生产过程的各个生产工艺中产生的污染物。

（3）城镇降雨径流污染　主要指城镇生活垃圾、建筑垃圾、汽车尾气和空气中浮尘等通过降雨径流直接排入受纳水体的一种非点源污染。重庆市是全国酸雨严重的地区之一，酸雨的危害很大，对人工水景水质也存在影响。

（4）湖泊底泥内源污染　指底泥能够像湖泊（水体）释放污染物的湖泊沉积物的表层，它能够在厌氧的状态下向水体释放磷，是湖泊水质改善的制约因素之一。

（5）大气降尘污染　指空气中的尘埃降落到水面上而带入水体的污染，主要成分为重金属。

人工水景在围湖前应清理湖底，且禁止生活污水排放入湖；湖底没有富含营养物质的底泥，并经整平压实处理，原始地貌的表土中的营养物不会大量进入水体，因此在相当长的一段时间内，底泥中内源污染不会对人工水景水产生影响；大气降尘污染对水质的影响甚微，因此该种污染可忽略不计；人工水景位置往往处于小区地势低洼处，四周的雨水自然地向水景内汇集，降雨径流冲刷流经的地面，运输、夹带地面的泥沙、生物残体等污染物入水景，对水景水质造成威胁。因此，人工水景中的污染物主要来源于水体周边内的城市降雨形成的地表径流污染。

2. 人工水景环境隐患

污染物排入水体后，经过物理、化学和生物学作用，使污染物浓度降低或总量减少，这就是所谓的"水体自净"。由于人工水体受自然条件的限制，其水体狭小、水流缓慢、相对封闭。人工水体水质逐渐恶化的原因如下。

① 水体的自然蒸发使得原本洁净的水体中氮和磷累积，致使藻类以及其他水生生物过量繁殖，水体透明度下降，溶解氧降低，造成水体水质恶化，鱼类死亡，破坏正常的水体生态平衡；

② 水体不具备自然流动性，几乎完全是一潭"死水"，导致水体自净作用难以正常发挥。

根据水景水源水质情况和城市地表径流的污染负荷，人工水景最可能出现的水环境问题是富营养化。如果仅仅依靠水体自净、定期换水、植物修复、投加药剂等方法，较难达到水质要求。一旦日积月累，水质污染成为现实，则不仅会前功尽弃，而且还要花费大量的人力、物理、财力去重新治理。富营养化是水体衰老的一种现象，它通常是指护坡、水库等封闭水体，以及某些河流水体内的氮、磷营养元素的富集，水体生物生产能力提高，某些特征性藻类（主要是蓝藻、绿藻）异常增殖，使水质恶化的过程。发生富营养化的必要条件如下。

① 有足够的营养盐浓度，国际上一般认为无机氮浓度达到 0.3mg/L，TP 浓度达到 0.02mg/L，就有发生富营养化的条件；

② 缓慢的流态，这一条件对水量交换缓慢的人工水景来说都是满足的；

③ 适宜的气候条件，如光照、温度，最适合藻类生长的温度为 20～25℃。

只要三方面的条件都满足，水体就会发生富营养化，严重时出现"水华"，"水华"是指水体内藻类疯长，导致水体生态结构遭到破坏的一种水环境事故。发生"水华"时，水体溶解氧极度下降，使水生物死亡，水体变浑发臭。由于受到换水成本的制约，水景水体的流速很慢；只要在气候条件满足的情况下，如在温暖的春、夏季节，光照充足时，就有可能爆发"水华"。

3. 人工水景水质处理方法

（1）物理和化学法　物理、化学方法具有见效快、易于操作的优点，特别适用于中、小型景观水体的处理。

① 引水换水。当水体中的悬浮物（如泥、沙）增多时，水体的透明度下降，水质发浑，可以通过周期性的引水、换水、稀释水中营养盐和有机物浓度，以此来降低杂质的浓度，防止藻类疯长，改善水质。我国的西湖引水工程日取水 300000m²，定期将钱塘江水引入西湖，在一定程度上控制了西湖水体恶化的趋势。但是使用这种方法必须有充足的干净水源作保证，成本较高，而水资源在我国是相当的匮乏，势必要浪费宝贵的水资源。

② 水体曝气充氧。水体曝气充氧是利用自然跌水（瀑布、喷泉等）或人工曝气对水体复氧，促进上下层水体的混合，使水体保持好氧状态，抑制底泥氮、磷的释放，防止水体黑臭。曝气充氧动力能耗高，且难以实现根本的脱氧除磷，因此只能作为辅助治理手段。

③ 底泥疏浚。底泥疏浚是解决内源污染的重要措施，通过底泥的疏挖去除沉积物中的营养盐和其他污染物，减少其向水体的释放。美国、日本、瑞典等国都进行过底泥疏浚的试验研究和工程实践。杭州西湖经两次大规模疏浚后，与富含营养化相关的主要指标均有不同

程度的改善，浮游动物种类增加，浮游植物生物量和蓝藻比例均有所降低。底泥疏浚的缺点在于工程量较大，效果难以持久，可能破坏原有的底栖生物群落，挖出的污泥易造成二次污染。

④ 底泥原位处理。底泥原位处理包括底泥封闭、底泥钝化技术。主要是用塑料薄膜、颗粒材料覆盖底泥，或者往水体投加铝盐、石灰等钝化剂，阻隔、抑制底泥中氮、磷营养元素和重金属的释放，从而降低水体中营养盐的浓度。德国的 Dagow 湖和 Globsow 湖用的硝酸盐和铁复合物进行底泥处理试验，处理前磷释放量 $4\sim6\text{mg}/(\text{m}^2\cdot\text{d})$，处理后几乎无释放。底泥原位处理技术容易对水底的生态系统造成破坏，难以保证效果的持久性，受风浪及水流扰动影响较大，工程应用不多。

⑤ 机械除藻。机械除藻是利用捞藻船、吸藻泵等机械设备捕捞水面上的藻类，间接去除水体中氮、磷营养盐。中科院水生生物研究所于 2001～2002 年对滇池水华蓝藻进行机械清除，共清除蓝藻 360.83t（干重），相当于从水体中除去了氮 37.33t、磷 2.71t、有机质 200.32t，水体中的重金属也被部分去除。机械除藻技术的优点是能够快速应付藻类的大面积爆发，操作简单，没有负面效应，但只是一种应急补救措施。

⑥ 混凝沉淀。混凝沉淀具有投资少、工艺简单、操作管理方便等优点，可用于含有大量悬浮物、藻类的水处理。混凝沉淀药剂消耗量和产生的污泥量大，处理效果也有待提高。

⑦ 加药气浮。气浮技术是利用高度分散的微气泡与水中悬浮颗粒黏附，使其随气泡浮升到水面，从而加以分离去除，适当加入混凝药剂可显著改善气浮效果。藻类密度较小，絮凝后絮核轻飘，且黏附气泡性能良好。近年来，随着微气泡发生装置的改进、自动化程度的提高和气浮设备的集成化、成套化，气浮技术逐渐成为中、小型景观水体的主流处理技术。

⑧ 过滤技术。过滤技术是使水流通过滤料或滤膜等过滤介质，水中的藻类和颗粒物被筛分、截留。过滤工艺的关键是滤速的大小，过滤前投加混凝剂微絮凝可提高过滤效果。过滤处理虽然出水水质好，但也存在过滤阻力大、藻类黏液易使滤层板结等不足。

⑨ 吸附技术。吸附技术是向水体中投加吸附剂或使原水流过吸附床层，将污浊物和营养物质吸附去除。吸附饱和后的吸附剂的处理问题，是制约该技术大规模应用的瓶颈。

⑩ 杀藻技术。杀藻技术是采用化学药剂杀灭水体中的藻类，常用的化学药剂有硫酸铜、液氯、二氧化氯、漂白粉、高锰酸钾、臭氧等。此外，紫外线、超声波、微波、电解、微电解、高强磁、光催化氧化、植物提取液等新兴杀藻、抑藻技术近年也被关注和研究，但目前均处于实验室研究或中试阶段，理论体系尚不成熟，放大效果也有待检验。杀藻技术迅速、直接，但运行费用较高，维持效果时间短，在抑制藻类同时对其他水生生物也存在毒性，一般仅限于临时应急使用。

（2）生物法　生物方法具有运行费用低、操作管理简单、无二次污染等优点，若景观水体中的有机物含量较高，则可利用生物方法处理。

① 生物接触氧化法。生物接触氧化法兼具生物膜法和活性污泥法的特点，具有处理效率高、耐冲击负荷、无污泥膨胀、污泥产率低、管理方便等特点。但是，生物接触氧化技术占地面积较大，低温时处理效果下降明显。

② 曝气生物滤池法。曝气生物滤池法是生物接触氧化法的改进和发展，集生物氧化与固液分离于一体，在一个单元反应器中完成有机物降解、固体过滤和氨氮硝化过程，是一种占地少、功能全的新型、高效率水处理技术。曝气生物滤池水头损失大，需定期反冲洗，对

进水 SS 要求比较严格。

③ 膜生物反应器。膜生物反应器作为一种新型的废水处理装置，将生物降解过程与膜分离技术相结合，通过过滤完成固液分离。其中，亲水性膜在运行通量和通量恢复能力上均比疏水性膜优越，但两种膜的出水水质基本没有差异。膜生物反应器处理成本高，易发生膜污染，在国内目前尚难以推广。

④ 微生物净化技术。微生物作为水体中的分解者，在水质净化中有着重要的作用。人工选育培养出的光合细菌、硝化细菌等复合高效微生物，能够有效去除氮、磷营养元素和有机污染物，抑制藻类生长，增加水体溶解氧，改善水质。利用致病微生物控制藻类是微生物技术的一条新的途径，即向水体投放藻类致病细菌或病毒，使之染病死亡。微生物处理技术当前还存在着很大的争议，操作不当易引发生态灾难，因而对该技术的应用当慎之又慎。

（3）生态法　生态方法通过水、土壤、砂石、微生物、高等植物和阳光等组成的"自然处理系统"对污水进行处理，适合按自然界自身规律恢复其本来面貌的修复理念，在富营养化水体处理中具有独到的优势。

① 生物操纵控藻技术。生物操纵是利用生态系统食物链摄取原理和生物相生相克关系，通过改变水体的生物群落结构来达到改善水质、恢复生态平衡的目的。其生物操纵控藻原理如图 10-7 所示。放养滤食性鱼类吞藻，或放养肉食性鱼类以减少以浮游动物为食的鱼类数量，从而壮大浮游动物种群。在实际应用中，生物操纵的操作难度较大，条件不易控制，生物之间的反馈机制和病毒的影响很容易使水体又回到原来的以藻类为优势种的浊水状态。

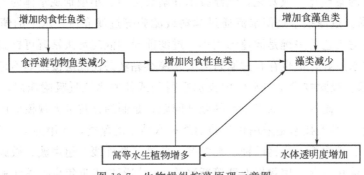

图 10-7　生物操纵控藻原理示意图

② 水生植物净化技术。高等水生植物与藻类同为初级生产者，是藻类在营养、光能和生长空间上的竞争者，其根系分泌的化感物质对藻细胞生长也有抑制作用。目前，研究较多的水生植物有芦苇、凤眼莲、香蒲、伊乐藻等。

浮床种植技术的发展为富营养化水体治理提供了新的思路，该技术以浮床为载体，在其上种植高等水生植物，通过植物根部的吸收、吸附、化感效应和根际微生物的分解、矿化作用，削减水体中的氮、磷营养盐和有机物，抑制藻类生长，净化水质。利用水生高等植物组建人工复合植被在富营养化水体治理中具有独特优势，但要注意防止大型植物的过量生长，使藻型湖泊转为草型湖泊，这会加速湖泊淤积和沼泽化，在非生长季节大型植物的腐败对水质的影响会更大。大型水生植物对河道、湖泊的船只通航也有一定影响。

③ 人工湿地。人工湿地对天然湿地净化功能的强化，利用基质-水生植物-微生物复合生

态系统进行物理、化学和生物的协同净化，通过过滤、吸附、沉淀、植物吸收和微生物分解实现对营养盐和有机物的去除。人工湿地占地面积较大，且填料层易堵塞、板结，限制了其在城市中景观水体治理中的应用。

④ 稳定塘。稳定塘又称氧化塘，通常是深度为 $1.0\sim1.5m$ 的浅塘，通过各种好氧、厌氧过程和食物链处理受污染水体。稳定塘运行成本低，但占地面积大，处理周期长，适于附近天然池塘可以利用的景观水体。

⑤ 生态混凝土技术。生态混凝土是由胶凝材料填充包裹在粗骨料周围而形成的新型多孔材料，克服了传统混凝土护坡植被无法生长的缺点，连续孔隙适于植物根系生长和微生物附着，从而具有生态净化功能。

随着我国城市化的发展、生态城市建设的推广和居民环境意识的增强，水景水体的重要性日趋显著，水景水体治理必将成为继生活污水、工业污水和流域污染治理之后又一新的污水处理领域。目前针对景观水体的各种治理技术均存在各自的优势、不足和适用场合，只有根据实际情况合理选择处理工艺，将不同技术进行优化组合，取长补短，发挥各自优势，同时实行严格的外源截污措施和管理制度，才能实现对水景水体的根本治理和有效维护，为居民生活和城市发展创造良好的生态环境。

（4）新型综合治理技术　营造类似于自然水体的景观，应采用综合治理的办法。综合治理技术将曝气、循环过滤和生化处理三者有机结合起来，将使景观用水清澈、鲜化、活化。通过曝气溶氧，提高水中的溶解氧量，从而对景观用水中的藻类形成以下 3 方面的作用。

① 可将水中有机物氧化成简单的无机物，切断藻类的肥料来源，从而有效地抑制藻类的生长；

② 充氧抑制了湖底厌氧菌的有机分解过程，减少了湖底氮、磷营养盐的释放量。P 可以与水体中的钙相结合，形成不溶于水的化合物沉降与湖底，通过控制 N、P 的浓度，抑制水华的形成；

③ 水中曝气可以造成水层对流交换的条件，使表层蓝藻水化难以形成，表层水中的藻类被转移到湖底或下水层，因光照条件的改变，难于维持生长，从而抑制藻类的繁殖。

水景用水通过按相对密度大小、粗细程度由上至下分层排列组成的符合滤层，使其中的杂质能够有效地得到滤除，浊度大大降低。

对于景观水处理的杀菌，采用短效瞬时杀菌的做法是一种误解。导入各种重金属离子入水，虽然也都可能提高水体的"免疫力"，但它们严重地影响着水质，而且对水生动植物来说是致命的，是景观水处理应该慎重使用的措施。为了有效地抑制水中病菌和病毒的繁衍增长，抑制藻类和藻类孢子的增长，防止水生动植物的病变，水中必须含有微量长效杀菌因子即 $0.05\sim0.3mg/L$ 的余氯。景观水中的余氯与水中大量的溶解氧一起构成一套免疫系统，使湖水的环境容量大大加强，也保证了游玩人群的健康安全。

4. 各种水处理方式的比较

（1）处理方式

① 引水换水：设备成本较高，运行成本高（需要洁净的水源），效果依补水量而定，维持时间不确定，操作容易；

② 循环过滤：设备成本高需要循环设备及过滤设备，运行成本很高（电费、人工费、

设备维护保养费），效果不明显，维持时间长就会引发另外形式的污染，操作较为容易，需要专人管理。

（2）化学方式　灭藻剂：设备成本较高（循环设备、加药装置），运行成本较高（电费、药剂费用），效果明显，维持时间短，操作较为容易，需要专人管理。

（3）生态方式　投放菌种、水生动植物等：设备成本较低（菌种投放、水生动植物的引种），运行成本较低，效果显著，维持时间长，操作较难。

5. 水景水质处理实例

事实上，自然界是一个十分复杂的系统，要营造一个长期清澈、自然的水体景观，较为科学的方法应采用综合设计和治理的办法。所以目前有人已经提出此方法，即 nars 自然水景系统。运用 nars 自然水景系统，可营造出清澈美丽生动的自然水景，如图 10-8、图 10-9 所示。相比传统治水方式，nars 自然水景系统的创新点如下。

图 10-8　nars 设计治理实例

图 10-9　nars 设计治理的人工小溪

① nars 注重前期治本，治理效果佳，可以做到清澈见底。
② 综合治理，治理效果佳，可以做到清澈见底。
③ 不用换水，利用雨水，节约水资源，日常维护费用很低。

④ 原生态设计使得水岸、水面、水中、水底景观生动美丽。

nars 的治理主要包括以下几个子系统：nars 底质综合治理、nars 水质综合治理、nars 微生物菌群、nars 水生动植物系统和其他措施（如突发事件而导致水质变化等）。

概括而言，nars 水景系统是一种以自净为主、微动力为辅的，低养护成本的，综合了各种方法的一种水景生态设计和综合治理技术。nars 水景系统大多同时承担设计和治理，这样避免了传统水景中先设计后施工再治理的弊病，也节省了大量的工程费用。

第十一章

室内水景设计与施工

第一节　室内水景概述

人们现代生态园林意识的产生与发展，不仅仅停留在室外园林工程建设之中，也逐渐向室内园林建设中渗透。室内水景就是布置在有屋顶的空间中，并以观赏作用为主的水体景观。室内水景是一种具有明显自然特质的室内要素景观，能够让人足不出户就领略到大自然的野趣闲情，体验到水体环境的勃勃生机。

一、室内水景的作用

在室内，水景具有多方面改良环境、美化环境的作用，具体可表现为以下几个方面：

1. 过渡和引导空间

"疏源之去由，察水之来历"，设计中可根据人们循流追源的心理，用水诱导视线，藏源引流，诱引寻源，使人们自然从一个空间向另一空间过渡，引导出下一空间。水体使不同功能空间自然过渡如图 11-1 所示。

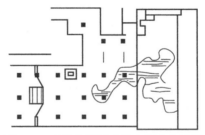

图 11-1　水体使不同功能空间自然过渡

2. 联系和分隔空间

水体——贯通穿插，融合延伸，是室内外空间和室内不同空间联系的纽带。另外，水体还能将室内零散景物统一于整体，产生渗透效果。某办公室中利用水体来分隔空间如图 11-2 所示。

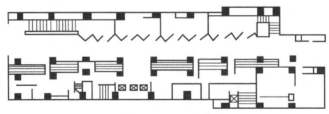

图 11-2　某办公室利用水体分隔空间

水景的设置，在距离和视线上都起到阻隔作用，从而可以把同一空间灵活地隔为两个不同功能的空间。

3. 丰富空间层次

水体特殊的形、色、质、光、声为室内空间创造了似隔非隔、似连非连、似限非限、似有似无的灰空间和模糊空间，室内设计中通常使用各种分隔材料如桥、植物、假山、建筑小品，与水体相结合，使空间层次更为丰富。某住宅由于在楼梯下设置了水体而产生了特殊的光影效果，从而使室内空间更为丰富如图 11-3 所示。

图 11-3 某住宅利用水体丰富空间层次

二、水景在室内的布置

1. 室内水景的布置要求

(1) 要尽量将水景布置在自然光线比较明亮的地方。

(2) 应布置在不影响室内其他功能正常发挥之处。

(3) 一定要与室内环境协调，不要布置在室内装修格调与室内其他景观相冲突的位置上。

(4) 水景布置的具体位置要与室内电气设备所在地点保持一定距离，要保证室内水电安全使用。

2. 水景在室内的布置位置

(1) 布置在靠窗边的较明亮处 靠近窗边的光线比较充足，水景的装饰效果很好，而且水边栽种的耐阴或半耐阴植物都能良好生长，植物景观效果也很好。

(2) 布置在房间的某一角落 在房间某一角落布置室内水景，既能避免水景设施对室内空间使用功能的影响，又使水景区域形成一个独立的造景空间，给室内造景带来很大方便。在房间某一角落设小水池，池后墙壁壁面嵌入自然山石，做成自然石壁状，在石壁上设置出水口，就可造出室内的三叠泉景观。布置水池的房间角落如果靠着光线明亮的窗边，其景观效果最好，但若不靠窗，就要考虑在水池上方装置足够明亮的照明灯具。

（3）布置在室内的楼梯边或楼梯下　水景布置在室内的楼梯边、楼梯下，可以作为陪衬楼梯的附属景点。楼梯下的空间往往是没有被利用的空间，这个空间用来营造室内水景，既丰富了室内景观，又可避免空间的浪费。

（4）布置在建筑物的内庭　由于建筑内庭的面积一般都比大厅、房间角落等大得多，能够容纳的水景景物也比较多，在这里营造室内水景，能够获得最好的景观效果。

三、室内水景的形式

室外环境中采用的水景形式，有许多在室内环境中也同样能用。但是，由于室内水景占地面积不宜大，应小巧玲珑，以小水体为宜。一般常见的室内水景有水帘瀑布、浅水池、观赏鱼缸、小喷泉、壁泉、滴泉、涌泉、室内泳池等。

（1）水帘瀑布　利用湖石叠假山、置石，配池潭，高处设出水口成瀑，呈水帘状轻泻池潭中。室内设景墙，墙顶堰口设平直整齐的出水口，引水流泻，水量适度形成薄而透明的水帘。用金属管开长缝作为出水口，把金属管水平悬空架立室内，下做接水槽，成为金属管挂瀑。总之，要创造静中有动、有声有色的环境艺术效果，常采用室内水帘瀑布的水景形式。

（2）浅水池　室内筑池蓄水，可以水面为镜，倒映物像，做成光影景观；也可以引流泉浸红鱼，使得清波鱼影，满堂生辉。浅水池平面变化形式多种多样，或方或圆，或长或短，或曲折或自然，要与室内环境相协调。池岸采用不同的材料作表面装饰，也能呈现不同格调和风采。

（3）观赏鱼缸　观赏鱼缸可算是室内环境中最小的水景，缸内可养金鱼或多种多样的热带观赏鱼类。

（4）小喷泉　布置在室内的喷泉，其喷射扬程不宜过大，选薄膜状、水雾状、加气混合式为佳，如配音乐、灯光效果，更能烘托出室内空间绚丽多彩。

（5）壁泉、滴泉　室内局部的墙壁上，引水管作细流吐水，就成了壁泉。或者把水量调节到很小，使水断续地滴下，在室内造成滴滴答答、叮叮咚咚的声响效果，即成为滴泉。室内墙壁上也可贴以自然山石，做成自然石壁状，并在石间种植耐阴、耐湿的草本植物。石壁上可引出涓涓细流，也可作串串滴水，既是壁泉，又是滴泉。

（6）涌泉　在池内的池底安装粗径滴水管，管口不断涌出的水，形成"噗噗"跳腾的水柱，或池底覆以砾石，其缝隙间有清澈的泉水不断上涌，产生亮闪闪如珍珠般的水泡，似"珍珠"泉。

（7）室内泳池　与室外泳池相同，只是面积较小。

第二节　室内水景设计

针对室内环境而展开的水景设计，应密切结合具体的室内环境条件而进行。在水景的形态确定、水景的景观结构设计以及水池的设计等方面，都要照顾到室内的环境特点。

一、水景形态设计

室内水景从视觉感受方面可分为静水和流水两种形式。

静水给人以平和宁静之感；它通过平静水面反映周围的景物，既扩大了空间又使空间增加了层次。在设计静态水景时，所采用的水体形式一般都是普通的浅水池。设计中，要求水池的池底、池壁最好做成浅色的，以便盛满池水后能够突出地表现水的洁净和清澈见底的效果。

流动的水景形式，在室内可以有许多，如循环流动的室内水渠、小溪和喷射垂落的瀑布等，就既能在室内造景，又能起到分隔室内空间的作用。蜿蜒的小溪生动活跃；形态多变的喷泉则有强烈的环境氛围创造力，这些都能增加室内空间的动态感。

水体的动态和水的造型以及与静态水景的对比，给室内环境增加了活力和美感。尤其是现代室内水体与灯光、音响、雕塑的相互结合，使现代建筑室内空间充满了喷水声、潺潺流水声和优美的音乐声，流光溢彩的水池也为室内环境增添了浓重的色韵和醉人的情调。因此，水景形态设计中也应考虑水、声、光、电效果的利用。

二、水体主景设计

较大的室内空间环境一定要有一个引人注目的景点，才能聚集人们的视线，也才能在室内空间创造出视觉中心来。这个引人注目的景点，就是主景。

设计者常常利用水体作为建筑中庭空间的主景，以增强空间的表现力。瀑布、喷泉等水体形态自然多变，柔和多姿，富有动感，能和建筑空间形成强烈的对比，因而成为室内环境中最动人的主体景观，是最为相宜的。天津伊士丹商场一楼大厅中部，就采用了一组水景作为主景。从三楼高处落下一圆形细水珠帘，水落入下面的池中形成二层跌水，在水池口还设有薄膜状牵牛花形喷泉。整个水景的形状以圆形来统一处理，与环境十分协调，水景效果也十分好看。

三、水体的背景处理

在特定的室内环境中，水体基本上都以内墙墙面作为背景。这种背景具有平整光洁、色调淡雅、景象单纯的特点，一般都能很好地当作背景使用。但是，对于主要以喷涌的白色水花为主的喷泉、涌泉、瀑布，则背景可以采用颜色稍深的墙面，以构成鲜明的色彩对比，使水景得到突出表现。

室内水体大都和山石、植物、小品共同组成丰富的景观，成为通常所说的室内景，为了突出水上的小品、山石或植物，也常常反过来以水体作为背景，由水面的衬托而使山石植物等显得格外醒目和生动。可见，室内水面除了具有观赏作用之外，还能在一些情况下作为背景使用。

四、室内空间的分隔与沟通

室内与室外画室内各个局部之间，常常用水体、溪流作为纽带进行联络，也常常进行一定程度上的空间分隔。如上海龙柏饭店门厅的池与庭院相通，中间隔一大玻璃窗，使内外空间紧密地融为一体。日本大阪皇家饭店的餐厅，由于引入小溪而使室内环境更为明快。用水体也可分隔空间，而水体分隔的空间在视线上仍能相互贯通，被分开的各个空间在视觉上仍是一个整体，产生了既分又合的空间效果。如日本东京大同人寿保险公司内部，沿纵向开了一条水渠，把功能分为两部分，一边为营业部，另一边为办公机构，两部分既相隔离，又相互联系。

五、室内浅水池设计

一般水深在 1m 以内者，称为浅水池。它也包括儿童戏水池和小型泳池、造景池、水生植物种植池、鱼池等。浅水池是室内水景中应用最多的设施，如室内喷泉、涌泉、瀑布、壁泉、滴泉和一般的室内造景水池等，都要用到浅水池。因此，对室内浅水池的设计，应该多一些了解。

1. 浅水池的平面设计

室内水景中水池的形态种类众多，水池深浅和池壁、池底材料也各不相同。浅水池的大致形式如下。

(1) 如果要求构图严谨，气氛严肃庄重，则应多用规则方正的池形或多个水池对称形式。为使空间活泼，更显水的变化和深水环境，则用自由布局的、参差跌落的自然主式水池形式。

(2) 按照池水的深浅，室内浅水池又可设计为浅盆式和深盆式。水深≤600mm 的为浅盆式；水深≥600mm 的为深盆式。一般的室内造景水池和小型喷泉池、壁泉池、滴泉池等，宜采用浅盆式；而室内瀑布水池则常可采用深盆式。

(3) 依水池的分布形式，也可将室内浅水池设计为多种造型，如错落式、半岛与岛式、错位式、池中池、多边组合式、圆形组合式、多格式、复合式、拼盘式等。

2. 浅水池的结构设计

室内浅水池的结构形式主要有砖砌水池和混凝土水池两种。砖砌水池施工灵活方便，造价较低；混凝土水池施工稍复杂，造价稍高，但防渗漏性能良好。由于水池很浅，水对池壁的侧压力较小，因此设计中一般不作计算，只要用砖砌 240mm 墙作池壁，并且认真做好防渗漏结构层的处理，就可以达到安全使用的目的。水池池底、池壁具体结构层次的做法，可参见本章第三节中喷泉池的结构设计部分。有时为了使室内瀑布、跌水在水位跌落时所产生的巨大落差能量能迅速消除并形成水景，需要在溪流的沿线上布设卵石、汀步、跳水石、跌水台阶等，以达到快速"消能"的目的。当以静水为主要景观的水池经过水源水的消能并轻轻流入时，倒影水景也就可伴随而产生。

3. 池底与池壁装饰设计

室内水池要特别注意其外观的装饰性，所用装饰材料也可以比室外水池更高级些。水池具体的装饰设计情况如下所述。

(1) 池底装饰　池底可利用原有土石，亦可用人工铺筑砂土砾石或钢筋混凝土做成。其表面要根据水景的要求，选用深色的或浅色的池底镶嵌材料进行装饰，以示深浅。如池底加进镶嵌的浮雕、花纹、图案，则池景更显得生动活泼。室内及庭院水池的池底常常采用白色浮雕，如美人鱼、贝壳、海蜇之类，构图颇具新意，装饰效果突出，渲染了水景的寓意和水环境的气氛。

(2) 池壁的装饰　池壁壁面的装饰材料和装饰方式一般可与池底相同，但其顶面的处理则往往不尽相同。池壁顶的设计常采用压顶形式，而压顶形式常见的有六种。这些形式的设计都是为了使波动的水面很快地平静下来，以便能够形成镜面倒影。

（3）池岸压顶与外沿装饰　池岸压顶石的表面装饰可以采用的方式方法有水泥砂浆抹光面、斩假石饰面、水磨石饰面、釉面砖饰西、花岗石饰面、汉白玉饰面等，总之要用光面的装饰材料，不能做成粗糙表面。池岸外沿的表面装饰做法也很多，常见的是水泥砂浆抹光面、斩假石面、水磨石面、豆石干粘饰面、水刷石饰面、釉面砖饰面、花岗石饰面等，其表面装饰材料可以用光面的，也可以用粗糙质地的。

（4）池面小品装饰　装饰小品诸如各种题材的雕塑作品，具有特色的造型，增加生活情趣的石灯、石塔、小亭，池面多姿多彩的荷花灯、金鱼灯等，以及结合功能要求而加上的荷叶汀步、仿树桩汀步、跳石等。这一切都能够起到点缀和活跃庭院及室内环境气氛的作用。此外，还可利用室内方便的灯光条件，用灯光透射、反射水景或用色灯渲染氛围情调。

在水下也可安装水下彩灯，使清水变成各种有色的水，能够收到奇妙的水景效果。

第三节　室内水景施工

在地面以上建造一个水景可以更易于亲水、便于观察和维护，而且可以省去挖掘地面。抬高的水面对于小孩和宠物来说也更加安全，同时又不太容易吸引食鱼动物。因此，本节主要讲解抬高型室内水池的施工。

一、抬高型水池施工特点

大多抬高型水池由砖或木条配合衬垫或预制模体搭成框架，预制混凝土组合也可采用。抬高型水池可以是圆形、八边形、正方形，也可以是其他几何形状，适合于多种场所。

一般的抬高式水池制作起来很简单，效果甚佳。有的水池用具有一定强度的预塑水池来建造，只需给其外围装饰一下即可；有的水池用木质的标准组件结构建成，木质的水池铺上衬垫，再用木板条或地毯条把衬垫固定在水池的内壁即可；大部分水池都需要有衬垫。

二、木质水池施工

木质水池多用于直边、直角的抬高型水池，多展现出一种自然的气息。

1. 场地和标记

木质水池施工前，需整平水池场地，标出水池形状并保证木材所需厚度。

2. 搭建框架

按水池尺寸截下木材，用枕木搭成方形水池，保证每根枕木在连接处交叉叠放。或者也可以在枕木间做连接切口：用一个三角板在一块木头的一端标出一个长方体，其高度为枕木高度的一半，长度为枕木的宽度，在每一块木板的一端切去其一半高度的矩形块，使枕木侧面呈"┏"形。而在其相互锁合的另一块木板上做相似的处理，切出相对应的切口呈"┓"形。

确保地面水平，搭建第一层构筑物，将互锁的两块木头相互紧紧咬合。相应于水池形状、角度、咬接并不一定是直角。

用三角板确保构筑物的各角是直角或角度相同，用木钉或螺钉固定各木板，或者也可以用一根金属条或其他材料来固定枕木，用电动螺丝刀固定金属条。在往上搭建前用酒精水准仪检测每一层是否水平。交错搭叠木板，直至框架达到正确的高度。

3. 装配衬垫

将衬里铺设在池底及池壁上，四角处要仔细地将材料交叠在一起，并使之平整以作抬高型构筑物的衬垫。用小钉子钉住衬垫，将衬里顶部边缘用射钉固定在水池内壁上，将每一个角都叠入折层。衬垫平整后将其顶部边缘压入最上层木板下以作保护。

三、砖砌水池施工

当室内空间不允许建造一个长而浅的倒影池时，那么砖砌的地上水池则是一个很好的选择。正方形、矩形、六边形和圆形的抬高型水池都可以用砖构建。

1. 标记和挖掘

（1）标记地点时，周边应放出23～25cm的距离，以便能容下双层砖的宽度。

（2）挖掘。按设计画出地点然后开挖，将池体构筑为15cm深，并检测水平，否则构筑物会不平坦。在池体范围内铺一层平滑的15cm厚的混凝土地面，将水准仪置于混凝土上以检测其水平。

2. 砌筑

用线和小木棍把边界规划标记好，在混凝土地面设一条带状灰泥，形状和宽度与水池池壁的砖体相吻合。然后用更多的灰泥涂抹砖块末端，先从墙角处开始砌起。如果有必要则整理每一个砖块，确保每个角都是方形而且是直角。在构建下一层砖时，确保每个步骤都是水平构建的。沿墙体放置一个水准仪，如果不平的话，就用铲柄轻轻敲打砖块调整。在每个转角处拉紧一条线以确保形成直线。用水泥铲从一角开始在基底和每块砖底端铺一层1.25cm厚的灰泥，构造转角。用水准仪和三角板检测保证砖水平、呈直角。

用量对角线的方法检测整个构筑物是否为正方形，两对角线必须等长。

为了让砖块之间牢固地黏合，每块砖之间必须铺有1.25cm厚的一层灰泥。在搭下一层之前要检测一下这一层是否水平。在搭了3～4层之后标出已经建好的砖块，用一个小灰铲巧妙地将砖块之间的缝隙用灰泥填满、抹平，直至完成所有。构筑物的凝固至少要48h，如果下雨就必须用塑料布盖上。

如果使用衬垫的话，则应首先将其固定，然后把其边缘置于水池砖墙顶层下面。或者用泥铲在抬高型构筑物砖体表面抹上一层防水灰泥，抹平表面。

3. 粉刷

砖结构可以通过粉刷来防水。用1.25cm厚的防水灰泥涂抹建好的水池内壁，抹平表面。最后给内壁涂上一层厚厚的密封剂，用一把大漆刷来完成此工作，当然也可以用塑料防水涂料来完成。

四、预制模体施工

预制模体可用于砖或木质构筑。多选择黑色或深灰色的预制模体，因为这会使体积看起来小些。池壳最好比构筑物小18cm、矮2.5cm。和预制水池组合一样，它们需要原地回填。

1. 预制模体安装

在水池基底上铺一层2.5cm厚的潮湿建筑用沙，把模体置于构筑物中央，确保其水平，使模体所有部位都被支撑起来以免和地面上的砖块或石头接触。往模体中加入 10cm 的水，然后往里填充。如果要种植植物的话，就在其顶部加土壤。当正式完成后，用块石面板或贴面砖加上水泥给水池镶边。

2. 置石回填

在铺好的一层水泥上放置块石。为了使之看起来更柔和，可用泥土填充预制池组周围的空隙，然后在其边缘周围种植植物，柔滑边缘线条。

参 考 文 献

［1］ 北京市园林局．CJJ 48—1992 公园设计规范．北京：中国建筑工业出版社，1993．

［2］ 中国工程建设标准化协会标准．CECS 218—2007 水景喷泉工程技术规程．北京：中国计划出版社，2007．

［3］ 中华人民共和国国家标准．GB/T 18921—2002 城市污水再生利用 景观环境用水水质．北京：中国标准出版社，2003．

［4］ 中华人民共和国国家标准．GB 3838—2002 地表水环境质量标准．北京：中国环境科学出版社，2003．

［5］ 刘祖文．水景与水景工程．哈尔滨：哈尔滨工业大学出版社，2009．

［6］ 钱剑林．园林工程．苏州：苏州大学出版社，2009．

［7］ 毛培琳，李雷．水景设计．北京：中国林业出版社，1993．

［8］ 闫宝兴，程炜．水景工程．北京：中国建筑工业出版社，2005．

［9］ 李泉，廖颖．城市园林水景．广州：广州科技出版社，2004．

［10］ 周初梅．园林规划设计．重庆：重庆大学出版社，2006．

［11］ 徐峰，牛泽慧．水景园设计与施工．北京：化学工业出版社，2006．

［12］ 吴戈军，田建林．园林工程施工．北京：中国建筑工业出版社，2009．

［13］ 张远智．园林工程测量．北京：中国建筑工业出版社，2005．

［14］ 凤凰空间．华南编辑部．园林水景．南京：江苏人民出版社，2012．

［15］ 孔宪琨．景观细部设计系列：水景与石景．北京：机械工业出版社，2012．

［16］ 韩琳．水景工程设计与施工必读．天津：天津大学出版社，2012．

［17］ 刘祖文．水景与水景工程．哈尔滨：哈尔滨工业大学出版社，2010．

［18］ 李映彤．小庭院水景设计．北京：机械工业出版社，2010．